Der Schweizer Business-Knigge

CHRISTOPH STOKAR

Der Schweizer BUSINESS Knigge

Was gilt in der Arbeitswelt?

Beobachter EDITION

Dank
Für das Vertrauen und die Loyalität danke ich Urs Gysling, Käthi Zeugin und Cornelia Knecht von ganzem Herzen.

www.beobachter.ch/business-knigge
Hier finden Sie noch mehr Informationen zum stilsicheren Verhalten, vor allem auch im internationalen Kontext, dazu einen Online-Business-Knigge-Test, mit dem Sie Ihr Auftreten überprüfen können.

Beobachter-Edition
2. Auflage, 2016

www.beobachter.ch

Herausgeber: Der Schweizerische Beobachter, Zürich
Lektorat: Käthi Zeugin, Zürich
Illustrationen: illumueller.ch
Reihenkonzept: buchundgrafik.ch
Umschlaggestaltung: Cornelia Federer, fraufederer.ch
Gestaltung und Satz: Jacqueline Roth, Zürich, und Bruno Bolliger, Losone
Druck: Grafisches Centrum Cuno GmbH & Co. KG, Calbe

ISBN 978-3-85569-911-7

Inhalt

Rookie

Fettnäpfchen

Teppichetage

Diese drei Rubriken werden Sie neben dem Lauftext immer wieder vorfinden. Es sind Erläuterungen, die einen Sachverhalt vertiefen. Für Leserinnen und Leser, die eher am Anfang ihrer Berufskarriere stehen, sind es die Inhalte unter «Rookie» (ein im Profisport unerfahrener Neuling), während für Führungskräfte Interessantes unter dem Piktogramm «Teppichetage» erläutert wird. Die Rubrik «Fettnäpfchen» dagegen behandelt Situationen, in denen es immer wieder zu Missverständnissen kommt. Und weist so den Weg, wie aus einem Rookie bald ein Profi wird ;-)).

Ins Herz investieren

Materielles Auskommen war früher das Ziel der Arbeit. Und für viele kommt dem Beruf immer noch die unromantische Aufgabe zu, die Existenz zu sichern. Besonders dann, wenn zusätzlich noch andere – eine Familie etwa – mit einem verbunden sind. Doch die Vorzeichen haben sich gewandelt. Heute wollen viele Berufsleute Arbeit und Freizeit nicht mehr als etwas Gegensätzliches auffassen, sondern sie so weit wie möglich miteinander verknüpfen. Auch: Arbeit soll sinnstiftend sein und der Selbstverwirklichung dienen.

Bekanntlich reicht in der Arbeitswelt bloss fachliche Qualifikation nicht aus. Sie muss gepaart sein mit Qualitäten im Bereich der Persönlichkeit. Unter anderem gehören Offenheit, Empathie, Charisma, sympathische Umgangsformen dazu – die viel zitierten Soft Skills.

Arbeiten ist jedenfalls tiefer von Konventionen – bekannten und unausgesprochenen – durchdrungen, als man das wahrhaben und vielleicht zugeben möchte. Das kann man bedauern, verkennen sollte man es nicht! Gute Umgangsformen sind zwar kein Universalrezept für Glück und Erfolg, dazu bedarf es noch weiterer Voraussetzungen. Aber es lässt sich nicht leugnen, dass private und berufliche Gewandtheit viel zur Lebenstüchtigkeit beiträgt. Denn Selbstkontrolle und Teamfähigkeit sind auf die Dauer effizienter als Ellbogen und Rücksichtslosigkeit. Ironie ist nachhaltiger als Beleidigung, Schweigen wirkungsvoller als Dreinfahren.

Da ist sie also, die Verbindung von Manieren und Moral, von Ethos und Anstand: Höflichkeit kommt aus dem Herzen. Doch in der Berufswelt gibt es viele Situationen, in denen das Herz umsonst fragt – wenn der Mensch keine entsprechende Antwort kennt. Und darum gibt es dieses Buch. Es wurde auf eine Weise verfasst, dass sich Arbeit und Vergnügen miteinander verbinden. Was es einigermassen modern macht, finden Sie nicht?

Christoph Stokar,
im November 2015

1 Typisch Schweiz – einig im Anderssein

Im Selbstverständnis der Schweizerinnen und Schweizer sind die Begriffe Autonomie und Unabhängigkeit fest verwurzelt. Sie prägen das Leben auf allen Ebenen – im Alltag der sozialen Kontakte, der Wirtschaft wie auch der Politik. Wir waren noch nie so frei, dürfen tun, sagen und glauben, was wir wollen. Den Wurzeln des Schweizer Selbstgefühls geht dieses Kapitel nach und ergründet, weshalb vier Volksgruppen mit vier Sprachen und 26 auf ihre Eigenständigkeit beharrende Teilstaaten es schaffen, so friedfertig miteinander auszukommen – und so erfolgreich zu wirtschaften.

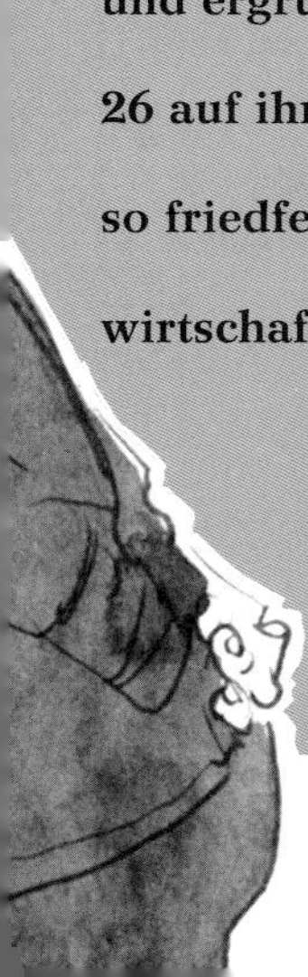

Leben im Sonderfall

Mit Spott und Häme oder aber mit Bewunderung und Staunen: Sind einmal die gängigen Klischees von Käse, Banken, Bergen und Schokolade bemüht, scheint das Ausland sich keinen schlüssigen Reim auf das machen zu können, was die Schweiz im Innersten zusammenhält. Heidi-Idylle und Geld-Gnome, Weltkonzerne und Tüftlerbuden, Alpaufzug und Street Parade, eigenbrötlerisch und fortschrittlich: Nicht nur auf den ersten Blick ist dieses Land ein Paradox. Das verwirrt, und mit 100-Sekunden-Nachrichtenbeiträgen ist diesem Land kaum relevant beizukommen.

Da hilft auch nicht, dass die Nationen offenbar dazu verdammt sind, einander durch die verzerrende Linse der Stereotype wahrzunehmen. Die Italiener spotten «non fare lo svizzero», wenn sie jemanden einen Erbsenzähler schimpfen wollen; die Franzosen nennen uns nach ihrem Käse «Petits Suisses»; und die Deutschen werden sich grundsätzlich nicht schlüssig, was sie von uns denken sollen: Verwunderung, manchmal gar Anerkennung wechseln ab mit Besserwisserei und dem Ausmachen von Hinterwäldlertum und allgemeiner Putzigkeit.

Zweifellos befindet sich das Land in einem starken Veränderungsprozess. Versteht die Schweiz sich noch immer als wehrhaftes Alpenvolk oder eher als globalisiertes Land? Welche Anpassungen sind nötig, welche wünschenswert, was wollen wir auf gar keinen Fall nicht? Aus strategischer Sicht ist klar, dass jede Stärke zur Schwäche mutiert, wenn sie übertrieben wird. Die Spanne zwischen Selbstbestimmung und dem Bestehen in einer sich immer schneller verändernden Welt, die ist so einfach nicht zu bewältigen. Zukunftsbilder wären gefragt, und die will die stets so pragmatische Bevölkerung partout nicht entwerfen – lieber durchwursteln und an den bewährten Grundsätzen festhalten als grosse Visionen entwickeln.

Werden allerdings Statistiken bemüht, zeichnet sich ein klares Bild ab: Bei den Universitäten, auf der Antikorruptionsskala, bei Arbeitslosenzahl, Lebensqualität und -standard, Anzahl Erfindungen sowie BIP pro Einwohner beispielsweise nimmt die Schweiz überall eine Spitzenposition ein. Dem Land geht es gut, nur scheint das Ausland nicht so recht zu wissen, weshalb. Oder eher: Es interessiert sich gar nicht dafür. Und wir uns meist auch nicht.

Ein Volk von Schizophrenen?

Doch mit Ungewissheiten können die Schweizerinnen und Schweizer gut leben. Sie kommen auch klar mit den eigenen Widersprüchen, die sich ihnen immer wieder offenbaren. Vielleicht lässt sich das Land denn auch einfacher dadurch beschreiben, was es nicht ist. Denn es ist zur Schweiz geworden, weil die Menschen im Verlauf der Geschichte immer wieder merkten, was sie nicht wollten: zum Beispiel Franzosen oder Deutsche sein, die Freiheitsrechte an andere abtreten müssen, einen starken Zentralstaat haben, Weltverbesserer sein. Das alles läuft dem Volksempfinden zuwider.

Die Nation ist vielmehr eine aus Verteidigungsgründen geschmiedete Zweckgemeinschaft. Einig in der Ablehnung von Dogmen, die ihr aufoktroyiert werden. Vom Franzosen Napoleon erhielt sie ihre erste Verfassung durch die Helvetik, vom Deutschen Friedrich Schiller ihr Nationalepos «Wilhelm Tell». Ein gemeinsamer Feind – die Habsburger, die Österreicher im Skifahren, die Nazis, die EU, die Einkaufstouristen im nahen Ausland, der Eurovision Song Contest – stärkt die Bindung. Die Schweizerinnen und Schweizer sind überzeugt, dass Zusammenhalten die beste Taktik ist. Das Land existiert, weil die Bürgerinnen und Bürger an die Idee glauben. Und weil diese sich in der Vergangenheit vielfach bewährt hat.

Die Schweiz ist keine gewachsene Kulturnation, sondern eine Willensnation. Sie hat die Grundsätze der Französischen Revolution früher und nachhaltiger verwirklicht als alle Länder um sie herum. Die Verfassung von 1848, in der das Instrument der direkten Demokratie verankert wurde, hat die Schweiz bis heute zu einem der fortschrittlichsten Staatswesen der Welt gemacht. In allen Fragen, die nicht auch die Nachbarn betreffen, kann sie mit diesem Instrument autonom entscheiden, und die Menschen nehmen ihr Mitspracherecht auf allen politischen Ebenen wahr. Das Land hat sich für den Föderalismus entschieden und dadurch die Macht jeweils an die niedrigstmögliche Stufe delegiert. Der Staat redet der Wirtschaft – zumindest im Vergleich mit anderen Staaten – möglichst wenig drein. Von oben herab geführte Länder neigen eher dazu, hohe Staatsausgaben und schwächelnde Wirtschaften zu produzieren. Die Neutralität hat verhindert, dass die Schweiz in Kriege verwickelt wurde. Die Erfolgsbilanz der letzten 167 Jahre mit dieser Verfassung ist beeindruckend: Aus einem Armenhaus ist einer der reichsten Staaten geworden, aus dem Land der Bauern eine Industrienation, aus einem Auswanderungs- ein Einwanderungsland.

Ein Volk von Jein-Sagern

Die Schweiz: Sie ist reich, aber nicht protzig; konservativ, aber auch innovativ und liberal; hat den besten Fernsehsender der Welt und die schlechtesten Moderatoren darin; die NZZ, den Beobachter auf der einen Seite und ein erstaunlich schlecht gemachtes Boulevardblatt auf der anderen. Sie ist weltoffen und veränderungsresistent, mutig und zaudernd, vom Disput zwischen Öffnung oder Abschottung und von Querulanten wie Angepassten gleichermassen geprägt. Diese Puzzleteile machen die Erfolgsstory Schweiz aus. Jemand hat einmal gesagt: Die Schweiz zu verstehen, ist so schwer, dass es die wenigsten überhaupt versuchen.

Mit diesen Widersprüchen freilich kommen die Leute hier meist gut klar, denn sie haben eine Maxime verinnerlicht, die sich zur eigentlichen Zauberformel für ihren Erfolg entwickelt hat: Konsens statt Konflikt. Immer wieder wird versucht, die föderalen, regionalen und sozialen Eigenheiten sorgsam auszubalancieren.

Bitte keinen Streit!

Die Geste des Siegers beim Schwingen ist bezeichnend: Er wischt das Sägemehl von den Schultern des Bezwungenen, als Zeichen des Respekts und der Versöhnung. Nicht umsonst heisst es in der Schweiz: Man sieht sich immer zweimal. Also nimmt man Rücksicht aufeinander. Wer weiss schon, ob der Vater eines «Schuelgspänlis» der Tochter in ein paar Jahren im Geschäftsleben nicht einen interessanten Auftrag zu vergeben hat? Generell wird mehr Geduld für die Mitmenschen aufgebracht als in anderen Ländern. Es ist überall und in vielen Situationen ein ausgeprägtes Wir-Gefühl auszumachen. Man sucht das Gemeinsame, nicht das Trennende.

Auch im Geschäftsleben. Während beispielsweise in Japan das sofortige Austauschen der Visitenkarten dazu dient, den Status des anderen in Erfahrung zu bringen und so den Neigewinkel und die Dauer des Verbeugens zu bestimmen, kann es einem hierzulande passieren, an einem Geschäftsanlass mit einer interessanten Person gesprochen zu haben, von der man erst im Nachhinein erfährt, dass sie ein wichtiger CEO ist. Ihre Zurückhaltung und die Absenz von Macht- und Prestigegebaren haben jedenfalls keine solche Position vermuten lassen. Weil man beim Kennenlernen überall im Land einander erst vorsichtig abtastet und nicht gleich zeigt, wer man ist.

Als konfliktfreudig kann man die Schweizerinnen und Schweizer deshalb nicht bezeichnen, eine eigentliche Streitkultur geht ihnen völlig ab. Das kann im geschäftlichen Umfeld mit ausländischen Mitarbeitern oder Konkurrenten zuweilen umständlich sein. In der Schweiz steht am Anfang der Konsens, nachher beugt man sich über die unterschiedlichen Positionen, sachte und behutsam, niemand soll das Gesicht durch einen unhaltbaren Standpunkt verlieren müssen. Ganz anders in Deutschland oder im angelsächsischen Raum: Hier die These, dort die Antithese und nach zähen Verhandlungen steht die Synthese. Während man sich im Ausland Vertrauen erst verdienen muss, wird es hier dem Gegenüber von vornherein zugestanden.

Jede Veränderung wird als Verschlechterung des Idealzustands empfunden, die das sorgsam gehegte Gleichgewicht stören könnte. Der soziale Frieden zwischen Arbeitnehmern und Arbeitgebern funktioniert, weil alle Beteiligten Verantwortungsbewusstsein haben. Meist steht das Wohl der

Gemeinschaft im Fokus, nicht das Einzelner oder einer Gruppe. Die Folge: Der Wohlstand ist seit dem Ende des Zweiten Weltkriegs stark gewachsen. Das Bruttoeinkommen hat sich preisbereinigt vervierfacht. Doch sind die Menschen auch glücklicher geworden? Offenbar – im letzten World Happiness Report der UNO (2013) liegt die Schweiz auf Platz eins, vor Island und Dänemark. Gemäss dem Report gaben drei Viertel aller Schweizerinnen und Schweizer an, mit ihrem Leben sehr zufrieden zu sein. In Bezug auf die Wahlfreiheit in Beruf, Familie und Freizeit schafft das zumindest eine ideale Ausgangslage.

Leben und leben lassen

Schweizerinnen und Schweizer sind nicht für das Untertanentum geschaffen. Sie dienen nicht gern. Das macht zum Beispiel der einheimischen Hotellerie immer wieder zu schaffen. Stichwort: distanzierte Freundlichkeit – ich Knecht, du Herr, das bringen die Leute hier einfach nicht hin. Am Arbeitsplatz oder in der Armee gibt es zwar klare Hierarchien, sie werden aber zurückhaltend gelebt. Das Du ist in Unternehmen weitverbreitet, bei Swisscom und den SBB zum Beispiel vom Lernenden bis zum Boss. Wer herrische Chefallüren aus dem Ausland in eine hiesige Firma mitbringt, wird auf eine Mauer der Ablehnung stossen. In der Schweiz wollen die Leute zu einer Gruppe gehören; im Gegenzug wird von den Mitarbeitenden Loyalität und Engagement erwartet. Mundart wird deshalb bei allen Gelegenheiten gesprochen, sie ist ein identifikationsstiftendes Instrument zur Erlangung eines allseitigen Wir-Gefühls. Und alles, was nach Konfrontation aussieht, wird vermieden. Selbst hohe Behördenmitglieder und Wirtschaftskapitäne suchen Nähe zur vermeintlichen Volksseele, signalisieren gern: «Ich bin einer von euch.»

Konsenswille ist die wahrscheinlich wichtigste Eigenart im Unterbewusstsein der Schweizerinnen und Schweizer. Und hinter einem ehrlich gemeinten Kompliment vermuten sie eine taktische Finte: Sie reagieren mit Abwehr oder werden die Aussage schnell relativieren wollen. Sie bekennen sich zwar zu den gängigen Schweizer Klischees, jedoch mit einem ironischen Augenzwinkern.

An Widerständen wachsen

Interessant zu beobachten ist allerdings das Phänomen, dass unter dem allgemeinen Teppich der Konformität auch viele Signale des Nicht-angepasst-Seins auszumachen sind. Immer wieder haben Künstler, Architekten, Schriftsteller und Unternehmer ausgesprochen Originelles geschaffen. Die Schweiz ist auch ein Land der Tüftler und Erfinder: etwas Bestehendes nehmen und so umgestalten, dass es besser funktioniert.

Auch im Alltag lässt sich vieles verorten, was einen Anflug von Weltläufigkeit hat und auf den ersten Blick nicht zum braven, biederen Bild passen will. Der FDP-Politiker und Appenzell-Ausserrhoder-Nationalrat Andrea Caroni hat das Land einmal mit sich scheinbar widersprechenden Attributen beschrieben: «heimatverwurzelte Offenheit, soziale Leistungsgesellschaft, selbstkritischer Patriotismus, bescheidenes Überlegenheits-

WER HATS ERFUNDEN?

Valium, Ritalin, Bepanthen, Voltaren, Cortison, Antihistaminika, Merfen, Xenical, DDT, Interferon, LSD, Milchpulver, Nescafé, Nespresso, Tafelschokolade, Milchschokolade, Conchier-Maschine für Schokoladenherstellung, mit Kohlensäure versetztes Mineralwasser, Bouillonwürfel, Ovomaltine, Birchermüesli, Würfelzucker, Tubensenf, Toblerone, Schmelzkäse, Cellophan, Alufolie, ÷ (Divisionszeichen), Wahrscheinlichkeitsrechnung, Armbanduhr, automatischer Uhrenaufzug, wasserdichte Uhr, Quarzarmbanduhr, Swatch, LCD-Anzeige, Sackmesser, Barryvox, Programmiersprache Pascal, Hygrometer, Velokette, Robidog, elektrische Zahnbürste, Serien-Computermaus, Knickarmstoren, Reissverschluss, Klettverschluss, Kunstseide, Turbolader, E-Gitarre, Rastermikroskop, Closomat, Zylinderschloss mit Wendeschlüssel, Bügelskilift, Anrufbeantworter, Leim aus Epoxidharz (Araldit), Beschreibung der Fotosynthese, Entdeckung der DNA, Relativitätstheorie, Helikopter, Gasturbine, einschalige Waage, künstliches Hüftgelenk, Gentechnologie, Prinzip der Brennstoffzelle, Rorschachtest, Gemüsesparschäler, Stewi, Knoblauchpresse, tragbares Tonbandgerät, Schriften Univers, Frutiger und Helvetica, Rotes Kreuz – alles Schweizer Produkte oder Erfindungen, inklusive 21 Nobelpreisträger in Medizin, Chemie und Physik.

gefühl, entmystifizierte Mythen, volksverbundene Politelite, kühle Gastfreundschaft, krämerische Grosszügigkeit, kosmopolitische Lokalkultur, kollektiver Individualismus, bürgernahe Bürokratie, strategische Strategielosigkeit, gestaltete Naturlandschaft, selbstsichere Selbstzweifel, modernes Traditionsbewusstsein» (aus Wolfgang Koydl: Die Besserkönner. Was die Schweiz so besonders macht).

Hier sind sie also wieder, die vermeintlichen Gegensätze, das Sowohl-als-auch. Unsympathisch machen sie das Land jedenfalls nicht, so viel steht fest. Leichter zu verstehen allerdings auch nicht. Doch die Schweiz leidet nicht an dieser Zerrissenheit, sie scheint sie im Gegenteil zu brauchen: So spürt man sich wenigstens – man ist gleich im Anderssein.

Mit Erleichterung ist ebenfalls festzustellen, dass eine gewisse Engherzigkeit, wie sie zu Zeiten des Kalten Krieges noch vielerorts auszumachen war, der Vergangenheit angehört. Was hat man in diesem Land nicht gewettert über «Nestbeschmutzer». Einem Niklaus Meienberg, einem Jean Ziegler und vielen anderen Kulturschaffenden und kritischen Geistern wurde das Leben oft schwer gemacht. Der Soziologieprofessor aus Genf ist für gewisse Kreise auch heute noch ein rotes Tuch, obwohl viele seiner Argumente zu Bankgeheimnis und Schwarzgeldkonten bestätigt wurden und inzwischen ihren Niederschlag in bilateralen Abkommen gefunden haben. Max Frisch' schriftstellerische Qualitäten wurden auch von einer NZZ immer wieder angezweifelt und allgemein wurde bemängelt, dass es ihm an patriotischer Gesinnung fehle. Und nur zur Erinnerung: Das Konkubinatsverbot wurde im Kanton Zürich erst 1972, im Kanton Schwyz 1992 und im Kanton Wallis 1996 aufgehoben. IKEA gründete Anfang der Siebzigerjahre ihre erste Auslandfiliale in Spreitenbach, Aargau, weil dieser Kanton das Verbot nicht kannte und viele unverheiratete Paare sich dort niederliessen, um nahe bei der Stadt Zürich zu sein. Der Auftakt des weltweiten Siegeszugs des schwedischen Möbelhauses hat auch ein wenig mit Schweizer Spiessigkeit zu tun.

Wille zur Ungebundenheit

Immerhin: Das Land präsentiert sich heute toleranter und grossmütiger. Wir bilden uns etwas ein auf unseren Freiheitswillen – selbst wenn manches auf Mythen beruht, die nicht jeder kritischen Geschichtsprüfung standhalten. Im Vergleich zum Ausland sind wir im täglichen Miteinander schnörkelloser, pflegen generell eine höflichere Alltagssprache und unkompliziertere Umgangsformen. Und stets sagt man sich: Ich bin ein freier Mensch, niemand soll mir vorschreiben, was ich zu sagen oder zu tun habe. Gesslerhüte sind nicht gern gesehen und werden wenn immer möglich ignoriert. Beispiel aus dem Alltag: Herr und Frau Schweizer am Fussgängerstreifen. Obwohl durchaus gesetzesgläubig, wollen sie sich partout nicht vorschreiben lassen, wann das Überqueren zu erfolgen hat; sie können ja selber beurteilen, wie gefahrlos die Situation sich darstellt. Das Gleiche beim Zugbesteigen, in Warteschlangen aller Art (jedoch nicht in der Betriebskantine, man kennt sich ja!), beim Velofahren auf dem Trottoir – es kumuliert zum Recht des Stärkeren, der Wille zur Ungebundenheit siegt über das Harmoniebedürfnis. Die Ellbögler selbst würden ihr Verhalten dagegen als Pragmatismus bezeichnen – auch eine schweizerische Eigenheit, finden sie natürlich zu Recht.

Warum dieses Buch?

Der Aspekt des Frei-sein-Wollens schafft nicht die besten Voraussetzungen für ein Buch dieser Art. Der arbeitenden Schweizer Bevölkerung über die Schultern schauen, etwas bemängeln und dann mit dem Drohfinger kommen, das wird nicht gut ankommen. Auch mit Etepetete-Getue und Gardinenpredigten wird man sich als Schweizer Knigge keine neuen Freunde schaffen.

Denn korrekte Manieren sind allenfalls etwas für die oberen Zehntausend, wird man denken. Will die Firma, die mich beschäftigt, etwas in dieser Hinsicht von mir, soll sie mich in einen Kurs schicken: «Ich bin eben ein Original!» Und eine Knigge-Polizei gibt es ebenso wenig wie ein Gericht, das Sanktionen aussprechen würde – alles beruht auf Freiwilligkeit.

Ganz so einfach ist es jedoch nicht. Die gesellschaftliche Entwicklung der letzten 25 Jahre hat uns von den Dramen der Schuld und des Gehorsams befreit. Sie hat uns aber diejenigen der Verantwortung und des Handelns auferlegt. Umgangsformen sind das Ergebnis von Kultur, Geschichte, Werten und Tradition. Oberflächlich betrachtet erscheinen sie heute viel lockerer. Doch es gibt eine Vielzahl von nicht explizit formulierten Normen. Die Krux: Mit Ausnahme Ihrer Vorgesetzten wird Ihnen niemand sagen, dass Sie dies oder jenes falsch angepackt haben – das bekommen Sie später zu spüren. Wenns nicht recht vorwärtsgehen will auf der Karriereleiter zum Beispiel.

Doch seien Sie versichert: Ganz so ernst, wie in Knigge-Ratgebern aus dem nördlichen Nachbarland wird es hier nicht zu und her gehen. Humor hat durchaus seinen Platz, und allgemeinem Klagen über das Aufkommen von Barbarei sowie Endzeitstimmung wird mit Entschlossenheit entgegengetreten. Gut schweizerisch deshalb dieser Kompromissvorschlag: Nehmen Sie die Anregungen entgegen und machen Sie mit den vorgestellten Kulturtechniken, was Ihnen als nützlich erscheint. Die Aussagen in diesem Buch werden in ein Vernehmlassungsverfahren geschickt, die Leserin, der Leser entscheidet über die jeweilige Relevanz. Vorbei jedenfalls die Zeiten, als man den Leuten strikte Regeln ins Pflichtenheft diktieren konnte. Ein Beharren auf sinnentleerten Vorschriften für Karrieregeile gibt es hier nicht. Über Einzelheiten wird von Fall zu Fall verhandelt – ist das ein Deal?

2 Ins Geschäft kommen – die vier Prinzipien

Richtiges Benehmen war früher vor allem für Leute wichtig, die mit ihren Anliegen an fürstlichen oder königlichen Höfen vorsprechen wollten. Das Wort «Höflichkeit» stammt denn auch vom Begriff «Hof» und umschreibt, welches Verhalten die Etikette verlangt. Längst hat sich das Gravitationsfeld um Macht, Geld und Einfluss von dort in die Wirtschaft verlagert: Das Primat der Ökonomie ist heute allgegenwärtig. Der Schweizer Knigge erläutert die Benchmarks hiesiger Gepflogenheiten.

Herr Knigge und die Wirtschaft

Adolf Freiherr von Knigges 1788 erschienenes Buch «Vom Umgang mit Menschen» ist der Aufklärung verpflichtet. Über Tischmanieren und Ähnliches verlor der Autor kein Wort, sondern untersuchte die Beziehungen zwischen den Menschen, zum Beispiel innerhalb einer Familie oder von Adligen zu niedrigen Ständen. Er plädierte für einen wertschätzenden Umgang mit allen, unabhängig von ihrem gesellschaftlichen Status oder ihrem Geschlecht. Sein Buch war revolutionär, und in vieler Hinsicht ist es auch heute noch lesenswert.

Die beruflichen Qualifikationen mögen erstklassig sein, die Arbeitsleistungen vorbildlich, doch viele Arbeitgeber stufen etwas noch höher ein als berufliche Kompetenz: die Fähigkeit, gekonnt mit Mitarbeitenden und Kunden umzugehen. Denn im Unterschied zum Privatleben ist man in der Arbeitswelt nicht nur Individuum, sondern auch Repräsentant für das Unternehmen, das einen eingestellt hat.

Bohren Sie während Ihres Blind Dates ungeniert in der Nase, ist die einzige Konsequenz wahrscheinlich die, dass das Gegenüber sein Herz anderweitig verschenkt. Geschieht das Gleiche während eines Kundentermins, sind die Folgen – wie Sie sich denken können – fataler. Unter Umständen ist man den Job los. Oder die Firma den Kunden.

Moral und Geschäft

Anderen anständig und mit Respekt begegnen ist eine Frage der Menschlichkeit, moralisch besetzt gewissermassen. So wie man selber behandelt werden möchte, ist auch der Umgang mit den Mitmenschen zu gestalten. Dazu hat Immanuel Kant, der deutsche Philosoph der Aufklärung, den kategorischen Imperativ verfasst. In einer modernen Version lautet er: «Jeder sollte den Prinzipien folgen, die zum jeweils bestmöglichen Ergebnis führen, weil dies die einzigen Prinzipien sind, von denen jeder wollen kann, dass sie als universale Gesetze gelten.» Kant definiert den Menschen

DIE ICH-AG

Die Triebfeder des Kapitalismus ist der Eigensinn. Wettbewerb und Leistung, das hat die Geschichte entschieden, bilden die zurzeit einzig praktikable Basis für ein ökonomisch funktionierendes Gemeinwesen. Im Zug der neuen Medien (schleusenöffnend) und des marktfundamentalistischen Denkens (Neoliberalismus) haben das Streben nach Selbstverwirklichung, das entschlossene Durchsetzen eigener Ansprüche und exhibitionistische Selbstdarstellungen eine neue Dynamik erlangt. Die Ich-AG hat Hochkonjunktur, und das Selbst ist zum meistfotografierten Sujet geworden. Attribute wie starkes Selbstvertrauen und Durchsetzungsvermögen sind zwar Merkmale eines erfolgreichen Berufslebens – nehmen jedoch Abgehobenheit, Teamvermeidung oder Demütigungen anderer überhand, werden sie zu Zwangsjacken.

Doch Eigensinn und Gemeinwohl sind keine sich widersprechenden Prinzipien. Im Gegenteil: Der Gemeinsinn kann sich den Eigensinn zunutze machen. Denn wer ausschliesslich egoistisch handelt, hat keine Freunde, findet keinen Partner, macht keine Karriere. Ein Zuviel an Egozentrik und fehlendem Einfühlungsvermögen führt in die Sackgasse. Kluge Egoisten hingegen begreifen, dass sie andere Menschen brauchen. Wirklich glücklich im Leben werden wir fast nie durch uns selber, nur durch andere. Deshalb ist es kluger Egoismus, sich an andere Menschen, das heisst aber auch an andere Werte, zu binden. ■

als Kultur- und Verstandeswesen, das sich über seine Triebe und Leidenschaften erheben, selbstbestimmt handeln kann. Und soll. Das Einzelwohl wird zum Gesamtwohl erklärt.

Denn der Mensch ist in seiner ganzen Existenz auf andere Menschen angewiesen. Jede Form von Gemeinschaft ist von Regeln und Codes durchdrungen. Ohne Anstand und eine stillschweigende Übereinkunft darüber, was «gut» und was «schlecht» sei, ist kein menschenwürdiges Leben möglich. Dabei scheint in Zeiten der Individualisierung und der vermeintlichen Entwicklung zur Ellbogengesellschaft der Konsens darüber, was gutes Benehmen ist, auseinanderzufallen. Die Extremposition lautet: Erlaubt ist, was nicht ausdrücklich durch Gesetze verboten ist.

Diesem Menschenbild widerspricht der Schweizer Knigge ausdrücklich und stellt ihm mit diesem Buch einen Katalog von Anregungen gegenüber, die das Zusammenwirtschaften und -leben vereinfachen sollen. Umgangsformen geben Sicherheit, wie Begegnungen zwischen Menschen positiv ablaufen. Sie vereinfachen das Miteinander, beugen Missverständnissen vor, können Karrieren begründen oder gefährden. Schlechte Manieren sind bloss darin effizient, schnell und unbarmherzig Gräben zwischen Menschen aufzureissen. Unhöflichkeit hat denn auch die verhängnisvolle Eigenschaft, dass sie nur Nachteile für den bewirkt, der sich ihrer bedient.

Die Annahme der Abzocker-Initiative mit 67,9 Prozent jedenfalls ist nicht im Licht der «Neidgesellschaft», sondern des Gerechtigkeitsempfindens der Bevölkerung zu sehen, findet der Schweizer Knigge. Weil Selbstbedienungsmentalität das soziale Klima vergiftet, den Bürgersinn für Leistung und Verhältnismässigkeit verletzt.

Situationsgerecht

Strenge Regeln für die Geschäftswelt, die den Umgang bis ins Detail festhalten, gibt es allerdings nicht. Mitdenken und Empathie müssen dort zum Einsatz kommen, wo klare Bestimmungen fehlen oder die Umstände zu Missverständnissen führen könnten. Flexibilität ist erforderlich. Beispiel: Ihr Chef zeigt Ihnen auf dem Smartphone Fotos von seinen letzten Englandferien. Sie finden das Hotel grässlich, den Ort öde und die Qualität der Bilder schauerlich. Herkömmliche Umgangsformen würden Ihnen diktieren, ein nettes Kompliment zu machen; die Moral sagt Ihnen, nicht zu lügen. Der Ausweg – eine Frage stellen: «War denn immer schönes Wetter?» Die Situation ist wahrscheinlich gerettet, weil der Chef ein meteorologisches Kurzbulletin zum Besten gibt. Das Beispiel zeigt, dass immer wieder abzuwägen ist, was Vorrang hat: die Form, die Moral oder ein Mittelweg. Deshalb wird unterschieden zwischen korrektem (nach Lehrbuch) und gutem (vom Augenblick abhängigem) Verhalten.

Die Situation also bestimmt das Handeln. Es gilt, sich immer wieder zu fragen: Was ist stärker zu gewichten? Oder wie der

Schweizer Knigge meist antwortet, wenn ihm eine allgemeine Frage gestellt wird: «Es kommt darauf an ...» Nicht immer ist es aus diesen Gründen einfach, angemessen zu agieren oder zu reagieren. Und meist geht es um Sekundenbruchteile, ist Geistesgegenwart gefordert. Auf dass die freundliche Leserin, der geneigte Leser dieses Buch angesichts solch unpräziser Verhältnisse jetzt nicht weglegt, wird gleichwohl versucht, die Dinge etwas zu präzisieren.

Über Umgangsformen

Der Begriff umschreibt die Art und Weise des äusseren Verhaltens gegenüber anderen. Für die Geschäftswelt geht es um die Themen:

- Anstandsregeln: Wie grüsst man, wie stellt man sich oder andere vor? Titel und Anreden?
- Essen in Gesellschaft
- Umgang mit Kunden und Mitarbeitenden
- Geschäftsanlässe verschiedener Art
- Kleidung und Körperpflege
- Sprache und Kommunikation
- Zusammenarbeiten und Konflikte bewältigen

Das Feld ist weit und goldene Regeln gibt es nicht allzu viele. Deshalb wünscht man sich ein paar Grundsätze, die sich im Geschäftsalltag bewährt haben und die einen durch dessen Untiefen führen können. Gibt es verbindliche Tugenden, die nicht nur die schlimmsten Fauxpas verhindern, sondern im Gegenteil dazu führen, dass ein positiver Eindruck entsteht? Ja, die gibt es. Der Schweizer Knigge hat die Leitmotive des Systems in eine wirtschaftsnahe Formel gepackt – ähnlich dem Bonitätsranking für Unternehmen. Sie lautet:

→ **Triple A plus G**
Oder ausformuliert: Anstand, Aufmerksamkeit, Authentizität plus Grosszügigkeit

Gibt es Situationen während der Arbeit, die Sie immer wieder verunsichern, fragen Sie sich, wie das besser zu managen wäre? Hat die Lektüre dieses Buches keine abschliessende Antwort auf ein spezifisches Problem in Ihrem Berufsalltag ergeben? Dann sollten Sie sich «Triple A plus G» vergegenwärtigen und anhand dieser Formel versuchen, eine adäquate Antwort zu finden.

WOHER KOMMT «FETTNÄPFCHEN»?

Früher wurden Würste und Schinken zum Trocknen in der Nähe einer Feuerstelle aufgehängt, damit sie haltbar wurden. Darunter stellte man eine Schale fürs Auffangen des Fettes, das dann zum Kochen verwendet wurde. Trat jemand aus Versehen in diese Schale, war das natürlich ein Fauxpas, ein Fehltritt!

Der Anstand

Dieser Begriff umschreibt, was man früher «gute Kinderstube» nannte. Viele assoziieren damit das Wort Disziplin: sich althergebrachten Regeln und Sitten unterwerfen. Und tatsächlich, historisch stammt der Begriff Anstand aus den schon im Mittelalter gebräuchlichen Moral- und Tugendlehren. Im höfischen Zeremoniell hatte der Anstand übrigens ein gezielt asymmetrisches Element: quod licet iovi, non licet bovi – übersetzt: was Jupiter darf, gilt nicht auch für den Ochsen. Es sind darin Regeln zur Erhaltung von Macht und Einfluss auszumachen.

Anstand bezeichnet deshalb den persönlichen Beitrag des Einzelnen zu einer sozialen Kultur. Gerade auch in der von Pragmatik geprägten Welt der Wirtschaft: Wer im anderen stets nur den Konkurrenten sieht, den es zu übervorteilen gilt, wird scheitern. Umgangsformen sind nicht Mittel für Snobismus und Abgrenzung, sondern die Art von Behandlung, die jedem Menschen zusteht – egal, ob es sich um die Lageristin oder den CFO im Unternehmen handelt. Dies in der Schweiz vermutlich im Unterschied zum umliegenden Ausland, wo Insignien der Macht und borniertes Verhalten von oben herab in Wirtschaft und Gesellschaft zuweilen erstaunlich unbarmherzig zum Einsatz kommen.

Der Anstand setzt das eigene Verhalten in einen grösseren Zusammenhang. Respekt, Fairness, Mitgefühl, Takt, Pünktlichkeit, Gegenseitigkeit und Diskretion sind damit ebenso gemeint. Und auch: Dass man im Grossraumbüro nicht zu laut spricht, dass man sich in Meetings nicht ins Wort fällt, über andere nicht schlecht redet, die Kaffeetasse selber wegräumt, abwäscht.

Es gibt Leute, und es scheinen immer mehr zu werden, die solche Tugenden als antiquiert und überholt anschauen und sie als Belästigung oder gar Bevormundung abtun. Rücksicht will nicht so recht in eine Zeit passen, in der Selbstbestimmung und Durchsetzungsvermögen zu massgebenden Idealen geworden sind. Es ist jedoch zu bedenken, dass man sich seine Freiheit nicht wahrt, indem man nur für sich selbst schaut, sondern indem man ebenso andere, Schwächere achtet. Das gilt für statusgeile Supermanager genauso wie für grölende Partypeople morgens um vier im Ausgang. Und ja, «Danke», «Bitte» und «Entschuldigung» sagen, das gehört auch zu diesen Kulturtechniken, die es kürzlich etwas schwer hatten, viele neue Befürworter zu finden. Deshalb heisst es in diesem Buch nicht: «Füsse auf den Tisch, jetzt steigt das Niveau!»

EIN SNOB?

Je höher die Nase, desto höher die Klasse? Ein Snob ist nicht an einer Person als Ganzes interessiert, sondern lediglich am Status, den sie in Gesellschaft oder Wirtschaft einnimmt. Das Wort «snob» kam übrigens in den Zwanzigerjahren des 19. Jahrhunderts in England in Gebrauch. Damals versahen Colleges in Cambridge und Oxford die Namen von nichtadligen Schülern mit dem Zusatz s. nob. (sine nobilitate, ohne Adel), um sie von ihren blaublütigen Mitschülern zu unterscheiden. Im heutigen Verständnis ist ein Snob jemand, der andere wegen ihres vermeintlich niedrigen Ranges mit Verachtung behandelt und Geringschätzung zeigt gegenüber ihrer Lebensweise, ihren Ansichten, ihren ästhetischen Präferenzen.

Die Aufmerksamkeit

Von einer höflichen Person sagt man, sie sei ein aufmerksamer Mensch. Weshalb? Weil sie ihr Gegenüber spüren lässt, dass es wichtig ist. Dabei steht nicht das eigene Ich im Mittelpunkt des Interesses, vielmehr das des anderen. Für achtsame Menschen gibt es keine unbedeutenden Personen.

Aufmerksamkeit ist denn auch eine Tugend, die im Wirtschaftsalltag eine unentbehrliche Funktion hat. Sie ist sozusagen das Schmiermittel, das die Maschine am Laufen hält. Sehr oft hat man es mit Kunden zu tun, will sie nicht nur korrekt, sondern zuvorkommend behandeln. Mit Vorteil kennen Sie dann ihren oder seinen Namen (Orthografie!) und sprechen ihn korrekt aus, jederzeit. Darüber hinaus wissen Sie einiges über die persönlichen Vorlieben, die Hobbys, die berufliche Herkunft, die Ambitionen und haben ein Gespür für das aktuelle Befinden. Das schafft Verbindlichkeit und Anknüpfungspunkte, wenn etwa bei einer Präsentation noch über etwas anderes geredet wird als über Facts & Figures. Viel von dem, was als Charisma eines Menschen bezeichnet wird, leitet sich von der Fähigkeit ab, einer Person das Gefühl zu geben, die wichtigste zu sein. Unter Umständen nur während ein paar Sekunden, eventuell nur anlässlich eines Händeschüttelns. Bill Clinton wird diesbezüglich fast magisches Können nachgesagt (nachzulesen in «Mit aller Macht» von Anonymus).

Die Authentizität

Es gibt kaum etwas Schlimmeres als verstellte Persönlichkeiten. Und in der Schweiz haben wir ein feines Sensorium dafür, was gekünstelt und unaufrichtig ist. Wir mögen keine Wichtigtuerinnen und Protzer. Glaubwürdigkeit ist dagegen eine Währung, die hierzulande hoch gehandelt wird. Während früher Herren unter Herren und Bauern unter Bauern verkehrten, verlangt das Geschäftsleben heute viele verschiedenartige Kontakte. Politikerinnen lassen sich in den Werkhallen der Industrie blicken, die Arbeitertochter hat eine einflussreiche Position in der Exekutive, die Geschäftsreise führt auf einen anderen Kontinent und die neue IT-Spezialistin kommt aus Indien. Die Welt ist kleiner geworden, multikultureller, beschleunigter. Man muss sich ihr anpassen, ohne sich dabei zu verstellen.

Wichtig ist zu wissen, wer man ist und nicht was: Nicht die Position bestimmt das Verhalten, sondern der Charakter. Beispiel: Eine begabte Person hat Karriere gemacht und findet sich in leitender Stellung wieder.

DAS STATUSSYMBOL

Sind die Grundbedürfnisse einmal gesichert – ein Dach über dem Kopf, genug zu essen und trinken –, dann stellt sich die Frage, was mit dem übrigen Geld anzufangen ist. Der Wunsch nach Macht und Einfluss könnte eine Motivation sein, überdurchschnittlich viel verdienen zu wollen. Unterstützt durch die Tatsache, dass nicht die Güter selber Glück verheissen, sondern das, was ihrem Besitz immateriell anhaftet: Beachtung und Aufmerksamkeit finden oder gar Neid wecken. Kurz, es geht um Zuwendung. Und das Werben darum. In einer idealen Welt wüsste jeder Mensch um seinen Wert, um seine Stärken und Schwächen und bräuchte sich nicht über andere zu definieren. Um uns selbst jedoch ertragen zu können, bedürfen wir der Zuneigung anderer. Wir müssen, wie es scheint, kompensieren, um von unserer Wichtigkeit stets von Neuem überzeugt zu werden. Ist ein über 100k teures Auto etwa das Symbol eines hinsichtlich Aufmerksamkeit zu kurz Gekommenen? Vielleicht. Denkbar, wenn dieser Person das Fahren eigentlich gar nicht so viel Spass macht. Dann bringt sie das Fahrzeug in ihrem Denken und in ihren Gefühlen nicht wirklich weiter, sondern soll vielmehr den Nachbarn, Freunden, Geschäftspartnern zeigen, in welcher Gehaltsklasse man unterwegs ist.

Ein grosser Irrtum wäre es, sagt die Glücksforschung, zu denken, dass materieller Besitz etwas darüber aussagt, wie eine Person in ihrem Innersten ist. Er zeigt nur, was sie durch den Kaufakt gern wäre. Eine It-Bag, eine Bling-Bling-Uhr: «Ich würde gern dazugehören!» Menschen möchten gemocht werden. Es geht um Anerkennung, nicht von einer einzigen Person, sondern von allen – ein hoher Anspruch! Mit der Eigenschaft, nie gänzlich erfüllt werden zu können: Das Objekt der Begierde kommt immer wieder in neuem Kleid daher.

Ganz andere These: Manchmal macht ein tolles Objekt einfach Freude. Punkt. Und das ist auch gut so! Und zuweilen muss es eine innere Leere ausfüllen, auch das gibt es. Die Diskussion ist eröffnet.

Sie oder er hat im Grunde genommen eine bescheidene, zurückhaltende Persönlichkeit. Nun meint sie, die Position verlange ein grossspuriges Auftreten. Und wirkt dadurch unecht.

Das Eintreten für Authentizität soll allerdings die Leserschaft nicht dazu verleiten, alles beim Alten belassen zu wollen und es sich in eigenen Unvollkommenheiten bequem zu machen: «Man muss mich halt nehmen, wie ich bin!» Zwar sind übertrieben devote Manieren nicht mehr zeitgemäss, und purer Formalismus ist in jedem Fall dumm, aber zwischen dressiertem Pudel und dem Die-Hände-in-den-Schoss-Legen liegen Sphären, in denen man sich verbessern kann. Jede und jeder weiss, wo Entwicklungsmöglichkeiten bezüglich guter Manieren vorhanden sind. Es gibt Unternehmen, die sagen: «When you have a problem, you are the problem!» Authentizität kann deshalb nicht der Vorwand für Nichtstun sein. Sie hat dagegen viel mit Selbstsicherheit zu tun. Doch wie erlangt man eine gesunde Dosis davon? Hier einige Hinweise:

- Vergegenwärtigen Sie sich im Voraus, was Sie erwartet. Legen Sie sich zum Beispiel eine Begrüssung zurecht. Oder die korrekte Reihenfolge des Vorstellens bei einem Empfang.
- Entschuldigen Sie sich nicht übermässig wegen Kleinigkeiten, sondern gehen Sie zum nächsten Programmpunkt über.
- Stellen Sie sich den Problemen, die Sie in der Vergangenheit zaudern liessen: Das lässt Sie das nächste Mal souveräner agieren. Halten Sie Rückschau, was Sie verbessern möchten.
- Zweifel und Unsicherheit gehören zu unserer Existenz. Fokussieren Sie deshalb aufs Wesentliche, in diesem Fall auf sich selbst. Lernen Sie sich und Ihre Stärken und Schwächen kennen. Akzeptieren Sie Fehler, die Sie nicht ändern können oder wollen. Nehmen Sie sich als Ganzes wahr, ohne Anspruch auf Perfektion. Erst unsere Fehler machen uns für andere sympathisch, denn dann wirken wir authentisch – und werden zum Vorbild.
- Hören Sie auf andere und interessieren Sie sich für sie. Sagen Sie nicht: «Das kenne ich nicht, es kann wohl nicht gut sein», sondern: «Das kenne ich nicht: spannend!»

Die Grosszügigkeit

Die letzte Tugend, die einen gekonnten Umgang kennzeichnet, ist die Grosszügigkeit. Sie mag im Kontext der Geschäftswelt bei einigen nicht zuoberst auf der Prioritätenliste stehen, kann aber gerade deshalb Brücken bauen, die es sonst nicht gäbe. Die Grosszügigkeit ist nicht mit Kalkül verbunden, rechnet nicht mit einer sofortigen Gegenleistung. Dazu gehört zum Beispiel eine zuvorkommende Sprache, wie wir sie hierzulande immer noch benützen, indem wir in Konjunktiv und Frageform kommunizieren: «Könnte ich bitte bezahlen?» In unserer Umgangssprache schwingt immer die Wahlmöglichkeit mit, zum Beispiel die Frage verneinen zu können. Befehlsformen und Kasernenhof-Jargon – «Ich krieg ein Bier!» – finden jedenfalls kein Gehör in der Schweiz.

Andere Beispiele aus dem Arbeitsalltag: Informationen und Wissen teilen, nicht horten. Feedback geben, im Positiven wie im Negativen. Mitarbeitende loben. Danke sagen. Fürs Team und nicht für die eigene Karriere arbeiten. In vielem ist die Grosszügigkeit das Gegenteil der Besserwisserei und deckt sich mit dem in unserem Land gelebten Gedanken der Toleranz. An Kleinigkeiten und am Vorverurteilen hängt der grosszügige Mensch jedenfalls nicht, und er sieht über Unwichtiges oder Fehler von anderen hinweg. Er kennt das Gefühl der Demut. Nicht die unterwürfige Demut, sondern die als bewusstes Wahrnehmen von Grenzen verstandene. Der eigenen, derjenigen von anderen, Leistungsgrenzen, Talentgrenzen, Grenzen des Machbaren oder Verstehbaren. Eine solche Person wird als gewinnend wahrgenommen.

VORSCHNELLE HÖFLICHKEIT

Im Umgang mit Menschen mit körperlicher Behinderung ist es falsch, helfen zu wollen, ohne vorher gefragt zu haben. Meist sind sie gewandter im Überwinden von Hindernissen, als das allgemein vermutet wird. Dafür gebührt ihnen Respekt und deshalb heisst es immer zuerst: «Kann ich Ihnen helfen?»

Charme statt Scharmützel

Mit diesen vier Attributen sind Sie fast jeder Situation im Geschäfts- und Privatleben gewachsen. Anständig, aufmerksam und grosszügig agieren und dabei authentisch wirken, so lassen sich die allermeisten Gegebenheiten mit Bravour bewältigen. «Triple A plus G» schafft einerseits Nähe und auf der anderen Seite Distanz, so paradox das klingen mag. Und: Es

VOM SCHEITERN

Wer ein Unternehmen an die Wand fährt, auf Internetplattformen einen Shitstorm für den Arbeitgeber lostritt oder vor einem beruflichen Scherbenhaufen steht, kann nicht mehr weitermachen wie bisher. Ein Ziel verfehlen ist nicht nur ärgerlich, es schmerzt. Gerade in einer individualistisch orientierten Gesellschaft und in der vom Wettbewerb geprägten Arbeitswelt stellt das Scheitern eine Bedrohung des Selbstwerts dar – die oder der Gescheiterte fühlt sich als Versager. Je mehr Leistung zum bestimmenden Kriterium für die soziale Rolle und das Selbstbild wird, desto gravierender empfindet man die negative Erfahrung. Während die einen mit ihrem Schicksal hadern und sich in die Selbstzerfleischung schicken, vermögen andere sich wieder aufzurappeln.

Doch wer resigniert, der verschliesst sich den Möglichkeiten, die eine neue Situation ebenfalls eröffnet. Auf den Scherben der Existenz etwas Neues aufbauen? In den USA ist die Fehlertoleranz jedenfalls eine ganz andere, niemand trägt eine Zwei lang auf der Stirn – zumindest, wenn er oder sie es nachher wieder versucht. Gerade die vom Neoliberalismus geprägte Arbeitswelt verzeiht inzwischen einiges und zollt jenen Respekt, die Stehaufmännchen-Qualitäten beweisen. Sich den Erfahrungen des Scheiterns zu stellen, daran lässt sich jedenfalls wachsen. Und es war auch noch nie verboten, aus eigenen Fehlern zu lernen. Wir brauchen ein neues Bewusstsein für Schwächen. ■

gibt keine absolute Freiheit für Menschen, wie es auch keine absolut geltenden Benimmregeln gibt. Gesunder Menschenverstand ist immer da vonnöten, wo situationsgerechtes Verhalten Sympathien schafft.

Und wenn Ihnen dennoch ein Fauxpas passiert ist – zu spät an einer Sitzung erschienen, die Frau des Chefs an der Weihnachtsfeier nicht wiedererkannt, den Geburtstag des besten Kunden vergessen? Jänu dänn! Der explizite Hinweis auf das eigene Missgeschick hilft vielleicht, dass die Peinlichkeit nicht lang anhält. Und Ironie, die auf einen selbst gerichtet ist, hat etwas sehr Befreiendes und wird als Zeichen der Stärke gesehen.

Gewiss sind Ungewissheiten

Sich charmant, selbstbewusst, angemessen und souverän verhalten, so könnten ideale Umgangsformen umschrieben werden. Das ist natürlich leichter gesagt als getan. Denn biografische Brüche, berufliche Deregulierungen und postmoderne Beliebigkeit prägen heute die Existenz. Das Erwerbsleben ist keine vorgefertigte, auf Jahrzehnte planbare Karriereleiter mehr, der real existierende Kapitalismus zeigt zuweilen eine grässliche Fratze. Auch im privaten Bereich häufen sich Neuorientierungen, die Lebensverhältnisse sind unübersichtlich geworden. Anpassungsfähigkeit wird allseits eingefordert, weil Religion, Beruf, soziale Schicht und Familie nicht mehr jene steuernden Elemente bilden wie früher. So wird jede und jeder zum Einzelkämpfer.

Es ist eine Ich-Gesellschaft geworden, in der das Propagieren von «inneren Leitplanken» vielleicht als nicht sehr modern gilt. Höflichkeit wird denn auch mancherorts als Zeichen von Schwäche oder von Spiessigkeit interpretiert – ein Irrtum! Gute Manieren erlauben, sich selbstbewusst auf die wesentlichen Dinge zu konzentrieren und den Moment zu leben, ohne gleich Abgründe von möglichem Fehlverhalten sehen zu müssen. Sie lassen einen selbstbestimmt, abgeklärt und umsichtig (inter-)agieren. Das Wort «cool» darf in diesem Zusammenhang ausnahmsweise bemüht werden. Es hat mit Selbstmarketing zu tun und kann zum persönlichen USP werden.

Nicht das Lächeln trainieren, sondern das Herz, so lässt sich der Leitgedanke zwischen diesen Buchdeckeln formulieren. Gerade auch in Zeiten des scheinbar ungehemmten Eindringens der Ökonomie in sämtliche Berufs- und Lebenswelten.

DIE ETIKETTEN VON VERSAILLES

Um das ungenierte Treiben seines Hofstaats in geregeltere Bahnen zu lenken, liess der Sonnenkönig Louis XIV in den Gebäuden und im Garten seines Schlossen kleine Schilder – französisch: étiquettes – mit Ge- und Verboten aufstellen. Seither hat das Wort internationale Karriere gemacht und wird auch im Deutschen und Englischen verwendet.

Alltag ohne Allüren

«Triple A plus G» stellt zwar ein Instrumentarium zur Verfügung, nach dem man sich in den meisten Situationen richten kann. Doch in der Geschäftswelt wie auch bei sehr formellen Veranstaltungen gibt es Konventionen, die gesondert zu betrachten sind. In solchen Momenten einfach nach Gefühl und Gutdünken zu handeln, wäre kurzsichtig.

So kompliziert wie früher präsentieren sich die Dinge allerdings nicht mehr, und eines ist mittlerweile gar viel einfacher geworden: Im Berufsalltag werden Frauen genau gleich behandelt wie Männer.

Begrüssungsrituale

Der Gruss ist das erste Zeichen von Menschen, wenn sie zusammentreffen. Daran kann man erkennen, ob die Person sich freut, eventuell Eile hat, ob sie guter Laune ist oder mässig interessiert. Ein Panorama von Stimmungslagen ist auszumachen. Übrigens füllte früher das Begrüssungszeremoniell ganze Kapitel der einschlägigen Ratgeber, alles war verklausuliert und durch sich scheinbar widersprechende Grundsätze sehr komplex.

KÜSSCHEN, KÜSSCHEN UND KÜSSCHEN?

Im Privaten küsst man sich dreimal. Hierzulande. Wenn man sich mit einer Person aus der Firma nach Feierabend trifft, sie auch persönlich sehr mag, dann ist es okay, sie zu küssen. Privates und Berufliches strikte zu trennen, ist jedoch, nicht nur bei diesem Thema, von Vorteil. Also, Kuss beim Treffen an der Whiskybar: Ja! Kuss vor der Firmenkaffeemaschine: Nein!

Alles einfacher geworden: Wir grüssen in der Schweiz mit «Grüezi» oder «Guten Tag» und stellen dahinter die Anrede und den Nachnamen. Also: «Grüezi, Herr Schönmann». Falls erforderlich, wird der Nachname durch einen Titel oder eine Positionsbezeichnung ersetzt. Die korrekte Anrede für eine weibliche Vertreterin des Bundesrats lautet: «Grüezi, Frau Bundesrätin» – den Nach- oder gar Vornamen von Amtsträgerinnen und -trägern zu nennen, wäre unkorrekt. Ist Ihnen also der Titel oder die Behördenbezeichnung Ihrer Ansprechperson bekannt, machen Sie davon Gebrauch – im beruflichen Kontext zwingend und im privaten, wenn opportun.

Frau Professor Doktor Doktor?

Zwar werden in der Schweiz akademische und politische Titel etwas legerer verwendet als im Ausland, aber ganz darauf verzichten lässt sich nicht. Für gewisse Leute mag die Stadtpräsidentin eine der ihren sein, und sie pochen auf Gleichbehandlung aller Menschen. Dieses Verhalten lässt einen aber eher flapsig erscheinen. Seien Sie in jedem Fall respektvoll. Kein Mensch ist so unabhängig, dass er keine Nachbarn, keine Kolleginnen braucht.

Mit dem Nennen eines Titels anerkennen Sie die Kompetenz und Lebensleistung des Gegenübers. Auch kirchliche Amtsträger oder Mediziner sprechen Sie besser mit «Grüezi, Frau Pfarrerin» oder «Guten Tag, Herr Doktor» an. Ehepartner von Akademikern werden allerdings nur mit Nachnamen angesprochen, ausser die Person verfügt selber über einen Titel. Bei mehreren Titeln wird der höhere verwendet – Nationalrätin ersetzt den Nachnamen, Regierungsrat den Oberst etc. Menschen im Parlament von Bund oder Kantonen werden beispielsweise mit «Frau Ständerätin» angesprochen, lediglich auf Gemeindeebene ist der Titel

Ein paar Hinweise, wie Sie Totalausfälle bezüglich Namen vermeiden

- Merken Sie sich den Namen konzentriert bei der Begrüssung. Wiederholen Sie ihn innerlich immer wieder.
- Verwenden Sie ihn während der Konversation, so bleibt er dauerhafter im Gedächtnis.
- Eselsbrücke: Hans Gross (HG) ist keine Handgranate. Stellen Sie sich eine HG bildlich vor.
- Wenn der Name zwar genannt wurde, Sie ihn aber nicht vollumfänglich verstanden haben, bitten Sie um Wiederholung.
- Sind Visitenkarten ausgetauscht worden, machen Sie sich auf der Rückseite Notizen über Person, Anlass und Merkmale. Unverzüglich oder nach der Veranstaltung.

nicht mehr üblich, da wird Felix Müller nicht zum «Herrn Gemeinderat». Eingebürgert hat sich ferner, dass die einmal mit Titel oder Amtsbezeichnung angesprochene Person bald vorschlägt, den Titel wegzulassen. Auch das gehört zum hiesigen Umgangston.

FRAU, ÄHM, FRAU ...

Was, wenn Ihnen bei einer Begrüssung der Name des Gegenübers partout nicht einfallen will? Nun, das ist jedem schon passiert. Vielleicht hilft es, sich der Situation zu erinnern, in der Sie die Person angetroffen haben. Und wenn das auch nichts bringt, entschuldigen Sie sich: «Tut mir leid, jetzt ist mir Ihr Name entfallen. Können Sie mir helfen?» Oder: «Wenn ich jetzt nur wieder Ihren Namen wüsste, ich heisse Ursina Gfeller.» Oder: «Ich habe ein derart schlechtes Namensgedächtnis, dass ich manchmal nicht weiss, wie ich selber heisse! Bitte helfen Sie mir!» Tipp fürs Verabschieden: Verwenden Sie eine etwas längere Formel: «Auf Wiedersehen und guten Appetit.» – «Ich wünsche Ihnen eine schöne Reise und hoffentlich bis bald.» So lässt sich elegant aussteigen, ohne dass jemand vom Gedächtnisaussetzer etwas mitbekommt.

EURE EXZELLENZ?

Wenngleich Herr und Frau Schweizer den Umgang mit hochgestellten Persönlichkeiten eher salopp bewältigen, Adelstitel wohl meist ganz ignorieren und dieses Thema überhaupt sehr republikanisch betrachten, kann und darf man die Gepflogenheiten im Verkehr mit Diplomaten, Adels- oder Kirchenvertretern nicht ignorieren, sollte dies der Beruf einfordern. Wenn Sie in Ihre Suchmaschine «eda schriftverkehr» bzw. «eda protokoll und etikette» eingeben, finden Sie Dokumente des Bundes, die den Umgang, die Ansprache und die schriftliche Korrespondenz präzise und detailreich erklären. Und so auch zeigen, was Ihnen bisher erspart geblieben ist. Wie Sie die Königin von England begrüssen? No problem: Sie neigen den Kopf und sprechen sie mit «Your Majesty» an, hernach mit «Ma'am». That's it folks!

Der Handschlag

Er hat eine ehrwürdige Tradition: Wer früher seine offene rechte Hand hinstreckte, zeigte seine guten Intentionen, weil sie leer und unbewaffnet war. Heute ist der Handschlag ein Zeichen der Herzlichkeit und der Freundschaft. Üblich ist er beim Vorstellen, wenn Firmenkunden begrüsst werden, wenn Mitarbeitende nach längerer Abwesenheit zurückkehren, wenn sie ins Spital müssen und allgemein als Bezeugung der Verbundenheit, für Gratulation und Kondolieren. Der Krafteinsatz ist wohl dosiert. Die Meinung, dass ein sehr fester Händedruck Selbstsicherheit signalisiere, gehört in den Bereich der Küchenpsychologie. Zu lascher Druck hinterlässt jedoch einen schalen Eindruck, davon ist ebenfalls auszugehen.

Augenkontakt ist wichtig. Übergehen Sie dabei niemanden, und wenn ein Lächeln Ihr Gesicht ziert, umso besser! Nervös und feuchte Hände? Streifen Sie Ihre Rechte wie zufällig über Hosenbein oder Rock und streichen Sie die Nässe auf diese Weise weg. Noch ein letzter Hinweis: In der Geschäftswelt gibt es Situationen, in denen kein Handschlag erfolgt – in einzelnen Unternehmen (vor allem im englischsprachigen Raum) ist das

PRIVILEGIEN VON RANGHÖHEREN

Die ranghöhere Person

- ... geht vor – in den Lift, durch die Tür, in einen Raum, in eine Drehtür, in den Zug.
- ... entscheidet, ob Hände geschüttelt werden oder nicht.
- ... setzt sich zuerst.
- ... erfährt beim Vorstellen den Namen der anderen zuerst.
- ... ist beim Nebeneinandergehen oder -sitzen rechts von Ihnen platziert (siehe auch Seite 190).
- ... erhält beim Sitzen oder Stehen den attraktiveren oder sichereren Platz.
- ... schlägt das Du als Erste vor.

Einige Ausnahmen:

- Wenn Sie einen Kunden durch die Firma führen, ist es praktischer, Sie gehen voran. Am besten, Sie begründen es: «Ich gehe lieber voraus, es ist etwas unübersichtlich bei uns.» So zeigen Sie, dass Sie den Vortritt nicht aus Nachlässigkeit verweigern.
- Liftsituation: Hinein der Ranghöhere voran (ausser viele Menschen warten); hinaus der Vorderste zuerst.
- Treppe hinauf: Die Ranghöhere voraus. Treppe hinab: Die Ranghöhere hinten – so könnte sie am Fallen gehindert werden.
- Restaurant: Der Gastgeber geht zum Tisch voraus.

Händeschütteln mit rangniedrigen Angestellten unüblich. Ähnlich bei sehr formellen privaten Veranstaltungen: Da kann die Frau entscheiden, ob mit Handschlag gegrüsst wird. Preschen Sie in solchen Situationen nicht mit ausgestreckter Hand vor, sondern beobachten Sie zuerst, wie die Dinge sich Ihnen im Raum darreichen!

MISSVERSTÄNDLICHE SITUATION?

Das Beispiel ist ein Klassiker: Sie sehen Ihren Chef nach Feierabend mit einer anderen als seiner gewohnten Partnerin. Wie reagieren Sie? Sie haben zwei Möglichkeiten. Wenn es noch keinen Blickkontakt gab, machen Sie sich eventuell besser vom Acker, wechseln zum Beispiel die Strassenseite. Andernfalls grüssen Sie ihn ganz freundlich, unbefangen und lassen sich nichts anmerken! Vielleicht wird er Sie der anderen Person sogar vorstellen, und es könnte sich zeigen, dass sie seine Tochter ist. Ihn nicht zu grüssen würde jedenfalls andeuten, dass Sie die Situation als zweideutig einschätzen.

Geschäftsmässiges Vorstellen

Bei allen Fragen, die sich ums «Wer zuerst?» drehen – also wer stellt wen vor, wer bietet als Erster das Du an? –, gibt es ein Prinzip, das zu kennen sich aufdrängt:

→ **Rang vor Alter vor Geschlecht**
Beispiel: Sind die Beteiligten gleichrangig, wird die Person, die schon länger in der Firma arbeitet, vorschlagen, sich künftig zu duzen.

«Rang vor Alter vor Geschlecht» ist eine allgemeingültige Regel, im Businesskontext liegt die Betonung auf Rang. Dieser definiert sich durch Wissen, Erfahrung und in erster Linie durch die Hierarchiestufe. Dort steht zuoberst der Kunde. Also: Die Marketingleiterin stellt sich dem männlichen Kunden vor. Formulierungsbeispiel aus dem Firmenalltag ohne Kundenbezug: «Peter, ich möchte dir unsere neue Vertriebsassistentin Regula Weiss vorstellen. Frau Weiss, unser Finanzchef Peter Schwarz.» Theoretisch bedeutet die Regel, dass die rangniedrige Person der ranghöheren vorgestellt wird, die ranghöhere den Namen zuerst erfährt. Das letzte Beispiel zeigt aber, dass es in der Realität etwas anders laufen kann: indem man zuerst die Aufmerksamkeit der ranghöheren Person sucht, in diesem Fall mit «Peter, ich möchte ...». Dies ist jedoch nur eine Hilfskonstruktion, die die Regel nicht per se infrage stellt. Alles klar?

HIERARCHIESTUFEN

Bei der Frage nach dem höheren Rang gilt folgende Reihenfolge (eine genaue Liste gibts per Suchmaschine mit dem Suchbegriff «schweiz protokollreglement»):

- *Ehrengast*
- *Ausländer vor Inländer im gleichen Rang*
- *gewählte Ämter vor berufenen Ämtern*
- *Gleichbehandlung des Ehepartners, der Lebensgefährtin*
- *Bund vor Kanton vor Gemeinde*
- *Kunst vor Wissenschaft vor Industrie*
- *Dienstalter vor Lebensalter*
- *andere Institutionen vor eigener Institution*

Weitere Beispiele: «Frau Meier, ich möchte Sie mit Christian Gerber bekannt machen, Herr Gerber, Susanne Meier.» Oder: «Herr Regierungsrat, das ist Claudia Dubach, unsere Finanzchefin. Frau Dubach, Herr Regierungsrat.» Sie sehen, es werden entweder Vorname und Name genannt oder Frau/Herr plus Titel. Mehr als zwei Bestandteile gibt es meist nicht, also kein «Herr Regierungsrat Fehr». Im Prinzip gilt diese Regel überall. Im Alltag, beruflicher oder privater Natur, sind die Grenzen hingegen fliessend. Manchmal spricht man von «Frau Professor», gelegentlich ist «Frau Professor Clavadetscher» zu bevorzugen, beispielsweise um mehrere Personen gleichen Ranges zu unterscheiden. Seien Sie in diesen Fragen förmlicher in beruflichen Konstellationen, etwas unkomplizierter im Privaten.

SEINE EHEFRAU

Sie treffen auf Ihren Vorgesetzten und seine Ehefrau oder Lebenspartnerin. Wie grüssen Sie korrekt? Es gibt zwei Möglichkeiten:

1. *Sie kennen die Frau. Dann grüssen Sie zuerst sie und nachher den Chef.*
2. *Sie kennen die Frau nicht. Sie grüssen den Vorgesetzten – mit oder ohne Handschlag, das liegt an ihm. Dieser wiederum sagt: «Anna, ich möchte dir meinen Mitarbeiter David Hildebrand vorstellen. Herr Hildebrand, meine Frau.» Oder, wenn sie einen anderen Namen trägt: «Herr Hildebrand, meine Frau (kurze Pause) Anna Boss.»*

Statt Floskeln bemühen Brücken bauen

Die Regel «Rang vor Alter vor Geschlecht» wird durch zwei weitere Grundsätze ergänzt: Der später Dazustossende grüsst die Gruppe. Und: Wer den anderen zuerst sieht, grüsst auch zuerst. Getrost dürfen dabei gewisse Floskeln aus der Vergangenheit in Pension geschickt werden: Fräulein gibt es zum Beispiel prinzipiell nicht mehr. Auch Gesülze wie: «Erlauben Sie, dass ich bekannt mache?», oder: «Es ist mir eine Ehre, Ihnen Herrn Konrad vorzustellen», wirkt mittlerweile antiquiert. Wie auch die Bezeichnungen «Gatte» oder «Gemahlin» passé sind: «mein Mann», «meine Partnerin» genügen vollauf. Nennen Sie jedoch den vollständigen Namen, bekanntlich können Ehepaare unterschiedlich heissen.

Ebenfalls zum altbackenen Sprachgebrauch gehören als Replik aufs Vorgestelltwerden die Wörter «angenehm» und «sehr erfreut». Besser: «Freut mich», oder: «Schön, Sie (endlich) kennenzulernen.» Sie sehen also, das Vokabular der korrekten Begrüssung ist schon erheblich entschlackt worden. Es wird Klartext gesprochen und als vorrangigste Regel gilt, dass die wichtigere Person den Namen des Gegenübers zuerst erfährt. Selbstverständlich handelt klug, wer sich im Vorfeld von Begegnungen darauf vorbereitet. Es ist wie beim Autofahren: Erst mit Üben bringt man es anständig auf die Reihe.

ZURÜCK AUF FELD EINS?

Es kann passieren, dass Sie während eines Gesprächs oder in einer Präsentation einen falschen Namen verwenden. Zum Beispiel nicht den Ihres Unternehmens, sondern jenen seiner schärfsten Konkurrenz. Oder einen falschen Personennamen. Vielleicht besser als eine langfädige Entschuldigung helfen, nachdem Sie berichtigt wurden, folgende Bemerkungen:

- *Besten Dank, ich bin froh über Ihre Berichtigung!*
- *Vielen Dank für Ihren Hinweis!*
- *Vielen Dank, Sie geben mir etwas zum Nachdenken!*
- *Es sieht so aus, dass ich einiges von Ihnen lernen kann!*

Möglicherweise gelingt es Ihnen so, nicht als der Typ mit dem schlechten Namensgedächtnis in Erinnerung zu bleiben, sondern als gewandte und reaktionsschnelle Person.

Sich selber vorstellen

Das geschieht kurz und pragmatisch: «Grüezi, ich heisse Petra Hunziker und bin die Verantwortliche für Qualitätskontrolle hier.» Im Privaten: «Ich heisse Petra Hunziker, die Tochter der Gastgeber ist mit meiner Tochter befreundet.» Solche Zusatzinformationen sind auch im Geschäftsleben nützlich und erleichtern den Einstieg in ein anschliessendes Gespräch, indem sie Anknüpfungspunkte bieten. Das gilt ebenso, wenn Sie zwei sich unbekannte Personen einander vorstellen. Beispiel: «Claudia Aebi, Bettina Heussler, ich glaube, Sie haben beide an der Uni Bern studiert.»

«Hallo, ich bin die Frau Rotach» – so oder ähnlich wird es wohl heute landauf, landab klingen. Irgendwo bei einem Firmenapéro oder Seminar, wenn sich jemand einer grösseren Runde vorstellt. Zwar gut gemeint, aber doch nicht überzeugend. Dem Schweizer Knigge gefallen besser: «Grüezi, ich heisse/bin Regula Rotach.» Danach folgen eventuell Funktion und Unternehmen, je nach Situation – allerdings nie ein akademischer Titel. Können Sie sich mit der Vorstellung anfreunden, dass immer Vor- und Nachname mitgeteilt werden?

Auch wenn es bloss ums Grüssen mehrerer Personen geht, empfiehlt sich ein «Grüezi mitenand». Das Wort «Hallo» wirkt doch sehr salopp (und eingedeutscht). Und noch ein Grundsatz: Vorgesetzte sprechen Sie mit dem Namen an, nicht mit «Hallo». Und Kunden selbstverständlich auch.

AUF DIE SPRÜNGE HELFEN

Eine häufige Situation: Sie begrüssen eine ranghöhere Person, sind aber nicht sicher, ob diese sich noch an Sie erinnert. Dann sagen Sie doch: «Grüezi, Herr Breitenstein, ich heisse Urs Unternährer. Wir haben uns letztes Jahr an einer Präsentation bei Ihnen in der Firma kennengelernt.»

Austausch von Visitenkarten

«Darf ich Ihnen meine Karte überreichen?» So könnte der Übergang nach einem ersten Gespräch lauten. Die Initiative dazu wird wohl die ranghöhere Person ergreifen. Stellen Sie sicher, dass der Empfänger Ihre Karte für ihn lesbar erhält. Wichtig: Immer einen Blick auf eine empfangene

Karte werfen, so erfahren Sie Einzelheiten über die Person. Es wäre unhöflich, das Stück Pappe ohne Anschauen einzustecken. Vielleicht stellt sich heraus, dass Ihr Gegenüber gar nicht der vermeintliche Prokurist, sondern ein Verwaltungsrat ist!

Die Duzis-Frage

Sobald Schweizerinnen und Schweizer in der Freizeit etwas gemeinsam unternehmen, ist das Du nicht weit. Das kommt ihrem Wunsch nach einem lockeren Umgang entgegen und soll eine identitätsstiftende Wirkung haben. Und selbst in Schweizer Unternehmen ist diese Anrede die weitaus am häufigsten anzutreffende Variante. Zumindest unter gleichrangigen Personen. Viele Firmen – vor allem grössere und solche mit vielen Kundenkontakten – kennen zum Thema Du einen meist schriftlich abgefassten Verhaltenskodex. Dieser wird jeweils bei Stellenantritt ausgehändigt, oder das Thema wird in einem Einführungsseminar behandelt. An diese Regeln sollten Sie sich halten; fragen Sie zudem Ihre Kollegen oder Vorgesetzten, welches die ungeschriebenen Dos und No-Gos sind.

Treffen Sie auf eine Ihnen unbekannte Person – egal, ob im geschäftlichen oder privaten Kontext –, ist das Siezen die übliche Anredeform. Davon ist immer noch auszugehen. Jede Person ab 16 Jahren möchte auf diese Art angesprochen werden. Soll sich das im Lauf des Gesprächs ändern, dann gilt auch hier die Regel: Rang vor Alter vor Geschlecht. So steht es dem deutlich jüngeren Abteilungsleiter zu, der Telefonistin, die im Gegensatz zu ihm schon seit Längerem im Unternehmen arbeitet, das Du anzubieten. Die Kombination Sie plus Vorname gibt es eigentlich nur noch gegenüber Lernenden, die Anredeweise ist allerdings am Verschwinden. Auch einige englische und amerikanische Unternehmen kennen diese Mischform. Sie klingt in unseren Ohren etwas befremdlich, aber man kann sich daran gewöhnen, kein Zweifel.

Ob sich Personen verschiedener Rangstufen duzen sollen, ist umstritten. Jedes Unternehmen – und manchmal auch einzelne Abteilungen – handhabt diese Frage unterschiedlich oder es wird differenziert. Ein zu kollegialer Chef kann durch das persönlichere Du eventuell an Autorität verlieren; die Du-Form kann auf der anderen Seite den Teamgedanken stärken, weil sich die Angestellten als Mitarbeitende und nicht als Untergebene fühlen. Wenn Sie nicht in der Geschäftsleitung einer Firma sitzen und über dieser Frage zu entscheiden haben, richten Sie sich nach dem, was in Ihrer Arbeitsumgebung Usus ist.

Stehen zwei Mitarbeitende auf der gleichen hierarchischen Ebene, entscheidet die Dauer der Betriebszugehörigkeit, wer das Du vorschlagen kann, dies als Randnotiz. Was zur fast letzten, ketzerischen Zwischenfrage führt: Rang vor Alter vor Geschlecht – aber was heisst eigentlich Alter? In Zeiten von Botox und Fitnessdiktat? Der Schweizer Knigge würde es so definieren: ein deutlicher Altersunterschied, der eine Generation umfasst (also ca. 15 Jahre). Im Wissen darum, dass sich das nicht immer mit Gewissheit feststellen und schon gar nie erfragen lässt.

Nein danke?

Ist es statthaft, eine Du-Initiative abzulehnen? Im Beruf muss man sich gut überlegen, was einem wichtiger ist – dass es beim Siezen bleibt oder dass der andere einem mehr gewogen ist. Der andere, das heisst: die vorgesetzte Person. Wenn Sie das Du nicht wollen, sagen Sie: «Ihr Angebot freut mich sehr, vielen Dank. Ich trenne Beruf und Privatleben sehr stark und ich empfinde den Umgang mit Ihnen in dieser Form als sehr

angenehm. Haben Sie Verständnis dafür?» Dies alles so freundlich und verbindlich wie möglich vorgetragen, ohne sich in längere Diskussionen verwickeln zu lassen. Dann sorgts für weniger Kopfschütteln.

DU CHEFIN?

Am Weihnachtsessen sitzen Sie zu fortgeschrittener Stunde mit Ihrer Chefin am Tisch. Offensichtlich nicht mehr ganz nüchtern, bietet sie Ihnen das Du an, was Sie auch akzeptieren. Am nächsten Morgen beim Betreten der Firma fragen Sie sich, ob das immer noch gilt. Wie verhalten Sie sich?
Die vorsichtige Variante ist natürlich, abzuwarten, wie sie grüsst. Selbstbewusster: «Guten Morgen, Claudia!» – einmal zum Du übergegangen, wird es nicht mehr zurückgezogen. Notfalls müssen Sie die Dinge halt erklären!

3 Steht Ihnen gut – richtig angezogen

Die Zeiten, in denen es eine eigentliche Business-Uniform gab, sind vorbei. Auch in diesem Bereich hat die Mode Einzug gehalten und es haben sich dadurch Interpretationsspielräume eröffnet. Die Toleranzmargen sind grösser geworden. Aber natürlich macht es einen Unterschied, ob Sie eine Position in einem Start-up-Unternehmen oder in einer Bank bekleiden. Was am einen Ort eine gute Erscheinung abgibt, wirkt am anderen bereits deplatziert. Der Schweizer Knigge steigt in die Hosen und macht eine Auslegeordnung der Dinge, die in den Kleiderschrank von Wirtschaftsleuten gehören.

Stoff für Selbstdarstellung?

Individualismus ist nicht erstes Kriterium, wenn es darum geht, sich kleidermässig für den Geschäftsalltag zu wappnen. Strikte, allgemein verbindliche Vorschriften für die Businesswelt gibt es hingegen ebenfalls nicht. Zu unterschiedlich sind die Geschäftsfelder und Grössen der Unternehmen, und zudem beeinflusst auch die Position innerhalb der Hierarchie den korrekten Dresscode. Es hängt davon ab, wer und wo Sie sind – und eventuell davon, was Sie noch werden wollen.

In Martin Scorseses Film «The Wolf of Wall Street» wird schnell klar, wann es der Finanzjongleur Jordan Belfort, gespielt von Leonardo DiCaprio, in den 90ern geschafft hat: Er wechselt von überdimensionierten Doppelreiher-Anzügen zu edlen Nadelstreifen, mit einer fetten Gold-Rolex, Gucci-Loafers und gigantischen, roten Krawatten. Power Dressing nannte man das – das Motto hiess «dress for success» oder «dress to impress». Die Zeiten haben sich geändert: Heute schreit der Anzug nicht mehr: «Ich bin ein erfolgreicher Banker», er flüstert es. Und auch die Babyboomer-Generation, die das Tragen von Anzug und Krawatte als Zeichen von Verrat an die herrschende Klasse sah, geht bald in Pension. Nur wenige Berufsgruppen kleiden sich fast ausschliesslich in Jeans und meinen, damit unverwüstlichen Nonkonformismus demonstrieren zu müssen.

Anzüge werden heute weitgehend ideologiefrei getragen. Jüngere Leute haben ein unverkrampftes Verhältnis zur Mode, wissen geschickt auf der Klaviatur der Selbstdarstellung zu spielen, nennen ein paar Vestons ebenso ihr eigen wie durchlöcherte Jeans. Die Dinge haben sich entspannt.

Herrscht demnach das «Anything goes»? Obwohl Frauen und Männer aus einer bunten Palette von Optionen und Stilen wählen können und es nicht mehr eine Frage des Geldes ist, sich optisch ansprechend anzuziehen, ist eine gewisse Ratlosigkeit, ja Ignoranz festzustellen. Weil jeder Verdacht von modischer Informiertheit oder gar der Wille zu besserem Aussehen tunlichst vermieden werden will. Man braucht nur mal unter der Woche in der ersten Klasse der SBB unterwegs zu sein und Geschäftsleute zu beobachten: Kurzarmhemden zum Anzug, Schuhe mit dicken

Gummisohlen – alles gut gemeint, aber etwas unbeholfen getragen. Gerade in der Schweiz wird in dieser Beziehung vieles halbherzig gemacht, man will zwar eine gewisse Konformität an den Tag legen, aber doch nicht allzu viel davon. Wenns formal zu werden droht, schert man lieber aus. Das macht die Schweizerinnen und Schweizer einerseits sympathisch-unangepasst, auf der anderen Seite lässt es sie auch etwas linkisch wirken. Kurze Zwischenfrage aus diesem Grund: Weshalb riskieren, wegen der Kleidung für nicht hundertprozentig kompetent gehalten zu werden?

TSCHOPENTURNEN

Folgende Szene spielt sich jeden Samstag in einem Schweizer Herrenkleiderladen ab: Mann betritt das Geschäft und will einen neuen Veston erstehen. Kaum trägt er das gute Stück, beginnt er mit Turnübungen: Ellbogen nach vorn, Ellbogen hinter den Rücken. Schnell wird ihm klar, dass es spannt und sich eng anfühlt – ein Eindruck, der in ihm angesichts der beruflichen Verantwortung, die auf seinen Schultern lastet, ein Unbehagen auslöst. Er kauft die nächsthöhere Konfektionsnummer – auf Kosten der perfekten Passform, da eine Nummer zu gross – und macht es so wie zwei Drittel seiner Geschlechtsgenossen in diesem Land: Tschopenturnen ist Nationalsport Nummer eins!

Dress up oder dress down

Es gibt zwei Möglichkeiten, sich seine persönliche Business-Garderobe zusammenzustellen. Je nach Dresscode im Unternehmen fangen Sie oben bzw. unten an. Ist Ihr Geschäftsfeld stark kundenorientiert und wird vom Management korrekte Kleidung erwartet, orientiert sich Ihre Auswahl an klassischen Vorbildern, das heisst am Anzugträger. Das gilt auch für die Geschäftsfrau. Im Kleiderschrank sind dunkle Anzüge, blau oder grau, weisse Blusen bzw. Hemden, schwarze Schuhe, schwarze Gürtel. Mit gepflegten Details können Sie Individualität markieren.

Geht es hingegen eher legerer zu in Ihrem Tätigkeitsfeld, dürfen Sie Kleidung mit Freizeitcharakter tragen: Kaki-Hosen, gute Jeans, weisse, blaue oder dunkle Hemden, schwarze und braune Schuhe. Ihre Erscheinung können Sie dann durch ein Jackett, ein spezielles Collier, eine Krawatte oder eine Flanellhose «aufwerten». Wie Sie auch mal einen Anzug mit oder ohne Krawatte tragen können.

KLEIDER FÜR DIE (KARRIERE-)LEITER

Auf dem Weg nach oben sollten Sie einen Kleiderstil wählen, der nahe an dem der nächsten Position ist. Natürlich ohne dass Sie dabei versuchen, die Person auf dieser Position mit Ihrem Auftritt markant in den Schatten zu stellen! Ausserdem: Je höher in der Hierarchie, desto strenger der Dresscode. Bis es dann ganz zuoberst plötzlich wieder legerer wird. Beispiel: Fiat-Chef Sergio Marchionne, der nie Krawatte trägt, sondern ausschliesslich in Bundfaltenhose, kariertem Hemd oder schwarzem Pullover gesichtet wird. Auch an Abendveranstaltungen.

Nachahmung und Hervorhebung

Die Umstände definieren die Kleiderwahl. Manche Firmen verfügen über ein offizielles Dokument dazu – besorgen Sie es sich beim HR. Wenn es keines gibt, müssen Sie anders vorgehen. Indem Sie beobachten: Was tragen Ihre Kollegen, Ihre Kolleginnen in gleicher Position, welchen Stil bevorzugt Ihre Chefin? Das gibt Ihnen Richtlinien für Ihre persönliche Kleiderwahl vor. Konsequent imitieren müssen Sie die Vorbilder nicht.

FISIMATENTEN?

Sind Sie der Meinung, dass in diesem Kapitel etwas gar viel Wert auf Äusserlichkeiten gelegt wird? Dass das Thema auch etwas entspannter angegangen werden könnte, dass es nicht ausschliesslich darauf ankommt, was man trägt und wie man das tut? Der Schweizer Knigge kann seine Sympathien für diese Haltung nicht ganz verhehlen, will aber einfach zu bedenken geben: Um Regeln zu brechen, muss man sie erst kennen. Und: Im Zweifelsfall ist es von Vorteil, sich ein wenig zu formell statt zu nachlässig zu kleiden. Sie zeigen damit ein Quantum Stilsicherheit.

Kleine Anmerkung: Das Wort «Fisimatenten» soll aus dem Deutsch-Französischen Krieg von 1870/71 stammen und ursprünglich lauten «Visitez ma tente» (französisch für: Besuchen Sie mein Zelt) – als Aufforderung, mit der Offiziere Damen um ein Rendezvous baten. Die heutige Bedeutung ist mit «Brimborium» gleichzusetzen. ■

Denn so viel ist sicher: Die Mode hat auch in der gestrengen Geschäftswelt an Einfluss gewonnen. Selbst konservative Banker werden nicht mehr ausschliesslich im dreiteiligen Anzug gesichtet, wenn sie proaktiv über den Paradeplatz schreiten. Hier gibts bunte Socken zu besichtigen, dort buhlt ein freches Pochettli um Aufmerksamkeit, der Veston drüben sieht auf Mass gefertigt aus, die Beine stecken jedoch in Jeans.

STATT SCHAL: SCHALE!

Kleidung hat auch immer etwas mit Autorität zu tun. Es ist weitaus schwieriger, während eines Businesslunchs einen gepflegten Umgangston und perfekte Tischmanieren an den Tag zu legen als sich morgens intelligent und adäquat anzuziehen. Wenn Sie beim Thema Kleidung nachlässig sind, brauchen Sie mehr Energie, um anderswo zu überzeugen. Ihre Glaubwürdigkeit leidet unnötig. Das (Geschäfts-)Leben kennt genug andere Fallstricke.

Frauen im Anzug – was geht?

Frauen ist die erste gute Nachricht in diesem Kapitel gegönnt: Sie haben es besser. Zumindest was das Thema «gepflegtes Erscheinungsbild im beruflichen Kontext» anbelangt. Denn sie haben einen grösseren Spielraum. Und meist verfügen sie auch über ein besseres Gespür für Farben, Formen, Materialien und Schnitte. Das macht ihre Ausgangslage etwas einfacher.

Allzu viel Enthusiasmus bezüglich der Freiheiten wäre allerdings verfrüht. Es gibt Unternehmen, die sehr strikte sind bei dem, was sie als zulässig oder als verpönt ansehen. Und auch hinsichtlich der Grundfarben des Kostüms oder des Hosenanzugs ist die Wahl eine sehr ähnliche wie für den Mann: Wir bewegen uns da vornehmlich in den Schattierungen Grau, Dunkelblau, Anthrazit oder – anders als in der Männerwelt – Schwarz. Allzu bunt sieht die Welt der Frauen in den oberen Etagen also nicht aus. Orientieren Sie sich an dem, was in Ihrem Umfeld üblich und möglich ist – bleiben Sie aber sich selbst.

Denn es gibt auch Lichtblicke: Bei der Frisur, bei den Schuhen, bei Schmuck, Accessoires und dem gezielten Akzente-Setzen wird Ihnen als Frau grössere Gestaltungsfreiheit zugestanden als Ihren Kollegen. Wie überhaupt erwartet wird, dass eine Frau sich «gepflegt» präsentiert, aber bitte nicht mit allzu viel Leidenschaft dafür. Denn die Regeln (wie die Löhne natürlich auch) machen zu oft immer noch die Männer. Das Leitmotiv wird deshalb niemals heissen: Kleider machen Beute.

Das Kostüm und der Hosenanzug

Gibt es in Ihrem Unternehmen keine Vorschriften, steht es Ihnen zu, frei zwischen Hosenanzug und Deuxpièces zu wählen. Was Ihnen steht, wissen Sie selbst am besten, und danach suchen Sie sich auch den Zuschnitt Ihrer Geschäftsuniform aus. Selbstredend ist die Variante mit Jupe die femininere Version. Bei den Farben erwägen Sie mit Vorteil gedeckte Töne – die erwähnten Blau-, Grau-, Anthrazitvarianten, Beige ebenfalls und auch Schwarz, das in gewissen Branchen (Werbung und Wirtschaftsberatung) sehr beliebt ist.

Jackett und Hose oder Jupe in derselben Farbe wirken eleganter, ein kontrastierender Blazer stellt aber immer eine interessante Alternative dar. Zum Rock getragen, darf er sogar in kurzer Form daherkommen. Jacken werden beim Stehen jeweils zugeknöpft – wie beim Mann. Und allfällige Taschen bleiben am besten ungefüllt, sonst gibt es Probleme mit der Silhouette.

Einfach und dezent sollte der Gesamteindruck sein. Ein figurbetonender Schnitt und eine gute Passform sind wichtig, Sie müssen sich wohlfühlen in Ihren Kleidern. Zu enge Stretchstoffe und Achselpolster sind out, wie sich auch auffallende Schlitze oder Stoffgeräusche beim Gehen nicht sonderlich gut in Szene setzen.

Wie lang ist zu kurz?

Bei der Rocklänge ist die Antwort auf diese Frage sehr einfach: Alles, was mehr als eine Handbreite vor dem Knie endet – Pianistinnenhände und nicht jene des Schwingerkönigs! Eleganter wirkt sowieso der knielange oder knapp über die Knie hinunter geschnittene, schmale Rock. In umgekehrter Richtung gilt Ähnliches für die Hose: Bei «Capri» sollte sie nicht enden, 7/8 markieren die Grenze.

COCO CHANEL

Sie schneiderte mit ihren Kreationen den Frauen die für ein selbstbestimmtes Leben nötige Bewegungsfreiheit auf den Leib und erfand beispielsweise den wadenlangen Rock (ein Skandal damals), Hosen für Frauen (ein noch grösserer Skandal) und in den 1920er-Jahren auch das «kleine Schwarze». Das berühmte Chanelkostüm aus Tweedstoff in aparter Farbwahl mit offenem, meist bordiertem Jäckchen und Goldknöpfen sowie ausgestelltem Rock ist zum Paradestück für wohlbetuchte Geschäftsfrauen weltweit geworden und stellt heute das vielleicht berühmteste Vermächtnis der Modepionierin dar. Oder aber ihr Parfum Chanel No. 5, das immer noch als Duft der Düfte gilt.

Die Bluse und das Shirt

Auch hier sind Sie als Frau etwas freier als Ihre männlichen Kollegen. Sie dürfen mit Formen und Farben, Ärmellänge und Dessins für Abwechslung in Ihrer Garderobe sorgen! Hauptsache, Sie kleiden sich anlassgerecht – je mehr Haut Sie zeigen, desto elektrisierender allerdings die Wirkung auf die Umgebung. Schulterfrei kann das gute Stück auch sein (jedoch nicht mit Spaghettiträgern). Sie wissen selbst, ob Ihnen das steht.

Ein schönes, unifarbenes Shirt unter der Jacke ist die legerere Alternative zur manchmal etwas gar streng wirkenden Bluse in Weiss. Auch Feinstrickpullover oder zweiteilige Twinsets wirken dem Gouvernanten-Effekt entgegen. Weiss, Creme, Beige, Hellblau und Pastell sind die Blusenfarben, die im heutigen Geschäftsleben an Frauen am häufigsten anzutreffen sind; das darf sich in Zukunft ruhig etwas ändern. Selbstverständlich signalisieren diese Farben aber wie bei den männlichen Berufsgenossen Kompetenz und Seriosität. Da müssen Sie abwägen, was Ihnen wichtiger erscheint! Gelb, Rottöne oder Petrol können alternative Farben heissen. Zu hoffen ist ferner, dass sich Dessins mit feinen, raffiniert anmutenden Mustern etwas mehr durchsetzen.

Auf Details kommt es an

Die Bluse wird in der Hose bzw. im Rock getragen, wenn nicht zu lang geschnitten auch darüber. Beim Anprobieren im Kleidergeschäft vergewissern Sie sich mit kurzem Hinsetzen, dass die Knopfleiste keine Einblicke gewährt, die so von Ihnen nicht beabsichtigt sind. Einen Realitätscheck verdient auch das Decolleté – der Stoff sieht am Körper getragen meist anders aus als am Kleiderbügel.

Der Blusenkragen kann über dem Jackettkragen getragen werden. Noch besser wird er darunter gelegt, das verfeinert die Silhouette etwas. Der Blick in den Spiegel wird Ihnen von Fall zu Fall eine schlüssige Antwort geben.

Schuhe und Strümpfe

Dass sich das Verhältnis der Frauen zu Schuhen von dem der Männer leicht abhebt, soll hier nicht erörtert werden. Und auch die Behauptung, je höher der Absatz, desto kürzer die Hauptsätze, gehört ins Reich der Spekulation. Die Aussage, hohe Absätze (Schuh) bewirken grosse Absätze (Erlös), trifft dennoch nur auf bestimmte Etablissements zu. Fünf bis acht Zentimeter bedeuten im Geschäftsleben gute Bodenhaftung diesbezüglich. Denken Sie auch an den Wohlfühlfaktor: Zu hoch ist auf die Länge unbequem, zu flach der Eleganz abträglich. Silikoneinlagen vom Typ «Party-Feet» können übrigens die eine Eigenschaft gegenüber der anderen etwas verbessern.

Vorn ist der Pump prinzipiell geschlossen zu kaufen, allenfalls mit einer kleinen Öffnung. Wenn er hinten offen ist, kommt es hoffentlich nicht zu langen Diskussionen mit den Vorgesetzten.

Ist die Anzugfarbe eine konservative, ist es auch die Schuhfarbe – zur Wahl stehen also Schwarz, Schwarz oder Schwarz. Ein Look mit italienischem Flair lässt auch braune, bordeauxrote oder beige Töne zu und gibt der ganzen Erscheinung etwas Frische. Sie entscheiden, was möglich ist und was eventuell bereits zu viel wäre. Auf eines steht die Geschäftswelt allerdings immer: dass die Sohle aus Leder ist. Geräusche können Sie auf andere Weise hervorrufen …

Selbstredend sind Damenschuhe stets sauber geputzt und weisen an Absatz und Zehenkappe keine Gebrauchsspuren auf. Wenn Sie Schuhe übrigens doppelt so lange ruhen lassen, wie sie getragen werden, und sie mit einem Polster ausstopfen, erholen sie sich optimal und fühlen sich bequemer an.

Stets Strümpfe?
Strümpfe sind hautfarben oder Ton in Ton auf die Kleidung abgestimmt. Ein Reservepaar in der Büroschublade ist nicht von Nachteil. Das Stück mit Laufmasche übergeben Sie am besten jemandem fürs Schuhepolieren!

Ist da der Einwand zu hören, dass es bei schlanken, überaus schönen und enthaarten Beinexemplaren doch auch möglich wäre, keine Strümpfe zu tragen? Doch ja, das ist durchaus denkbar, neidische Blicke der Kolleginnen inklusive.

Arbeitsmappe und Handtasche

Mittlerweile sind sie allgegenwärtig, die Taschen für die Arbeits- und Computerwelt. Frauen verwenden sie oft anstelle einer Handtasche, und natürlich ist das absolut okay. Kommt zusätzlich eine Handtasche zum Einsatz, wäre es aus ästhetischen Gründen besser, diese etwas kleiner zu wählen.

Die Farbe entspricht derjenigen der Schuhe, also Braun oder Schwarz. Wenn alle drei Stücke der Garderobe zusammenpassen: umso einfacher, konservativer allerdings auch. Heute wirkt es eher etwas antiquiert. Warum nicht eine rote Handtasche zu schwarzen Schuhen und schwarzer Arbeitsmappe?

PLATZ DA?
Arbeitsmappe neben, Handtasche auf den Tisch! Bitte nicht: Während eines Essens kann eine kleine Handtasche über die Stuhllehne gehängt, auf einen freien Nachbarstuhl oder an den Stuhlrücken gestellt werden. Grössere Exemplare stellen Sie auf den Boden – aber so, dass sie nicht zum Stolperstein werden.

Schmuck und Accessoires

Dass Foulards die Erscheinung aufwerten, hat sich herumgesprochen. Man möchte sich allerdings wünschen, die Sache würde etwas frecher angegangen. Muss das gute Tuch denn von einem grossen Modehaus sein, wenn frau in einer Bank oder bei einer Versicherung arbeitet? Von einem progressiven Schweizer Modelabel, wenn das Organigramm etwas weniger streng ist? Aufgabe eines Foulards ist, das Herkömmliche und Konventionelle etwas zu verändern und einen stimmungsvollen (Gegen-)Akzent zu setzen.

Verstärken, unterstreichen, aufwerten oder aber durchbrechen, so möchte die Devise bei diesem Thema lauten. Hier öffnen sich die Felder für einen stilsicheren Auftritt: Gekonnt geknöpfte Schals oder Foulards, eine schöne (Perlen-?)Halskette, ein aparter Ohrschmuck, eine Handtasche aus der Reference-Collection von Freitag, eine Herrenarmbanduhr am Handgelenk – das sind geeignete Mittel. Das alles ist eine Frage des Augenmasses und der geschickten Platzierung. Mehr ist nicht mehr. Aber statt Echtdarf es auch einmal Modeschmuck sein; der Gürtel kann etwas markanter wirken, statt brav zu den Schuhen zu passen. Nutzen Sie die Freiräume, die nicht von vornherein von Regeln und Knigge-Ratgebern besetzt sind! Hier tut sich eine Möglichkeit auf, Persönlichkeit und Selbstbewusstsein zu markieren.

Das Make-up, die Frisur und das Tattoo

Je gewandter Sie mit Accessoires spielen, desto zurückhaltender werden Sie bei der Frisur, der Nägeldeko und beim Make-up vorgehen. Sonst wird Ihre Erscheinung schnell als unpassend taxiert. Die Faustregel für Kosmetik heisst: Grund-Make-up plus Rouge plus eine Farbbetonung – entweder Lippenstift oder Augen-Make-up. Beim Fingernagelschmuck: Varianten mit mehr Temperamentspotenzial (lang, farbig, dekoriert) bleiben dem Feierabend vorbehalten. Gepflegt dürfen Hände aber in jedem Fall sein. Eine Creme, im Büro stets griffbereit, besänftigt die Haut, besonders in der kälteren Jahreszeit.

Langes Haar wird oft zusammengebunden, wenn gut frisiert aber auch offen getragen. Kamm, Schere oder Färbemittel kommen, am besten bei der Fachperson Ihres Vertrauens, zum regelmässigen Einsatz.

Wer sich mit Tinte unter der Haut verzieren lässt, hat eine Entscheidung fürs Leben getroffen. Gut, wenn die Kleidung das Kunstwerk abdecken kann, demonstrativ sollte es nie zu Schau gestellt werden. Ausser Sie sind Betreiberin eines entsprechenden Studios. Oder Rockgöre von Berufs wegen. Die Kombination gepflegtes Business-Outfit plus Tatoo jedenfalls hinterlässt ein zwiespältiges Bild, besser ein Kleidungsstück kaschiert das Kunstwerk oder den Ferienspleen.

Jenseits der Teppichetage

So weit der strenge Dresscode der Banken und Versicherungen, Unternehmensberatungen und Anwaltskanzleien. In der Welt der KMU sieht es natürlich anders aus. Hier würde ein Deuxpièces für irritierte Blicke sorgen. Das Outfit darf bequemer sein und auch legerer. Kleidung ausschliesslich mit Freizeitcharakter – etwa Trägershirts und kurze Hosen – ist jedoch auch in diesen Unternehmen eher verpönt.

Sorgen Sie also für ansprechende, stilvolle Kleidung am Arbeitsplatz. Die Elemente in Ihrer Garderobe: saubere und eher elegante Schuhe (Pumps, Loafer oder Ballerina), Blazer, Strickjacke und vielseitig einsetzbare Hosen. Die Stücke sollten weder zu «aufgetakelt» noch zu nachlässig in der Wirkung sein. Und in jedem Fall erlauben, einen harten, manchmal stressigen Büroalltag durchzustehen.

NO-GO FÜR SIE

- Glitzerstoffe, Rüschen, auffällige Muster, schreiende Farben
- Shorts, Leggins, Schlabberlook, Mini, Kniestrümpfe
- Spaghettiträger, Bustier, rückenfrei
- VPL: visible panty line
- Tiefes Dekolleté, bauchfrei, dekorierte Fingernägel
- High Heels, Sandalen, Plateauschuhe, Kreppsohlen
- Zu viel Schmuck
- Laufmaschen
- Zu starkes Make-up
- Zu viel Parfum

Männer, die eine Position bekleiden

Die Businessgarderobe ist eine Sprache, die universell verstanden wird. Zu ihren Bestandteilen gehören: ein Anzug, ein langärmliges Hemd, eine Krawatte, Gürtel, Socken und Lederschuhe. Eine Anzahl also, die recht überschaubar erscheint und so gesehen nicht sehr viele Variablen enthält.

Trotzdem gibt die intelligente Zusammenstellung Stoff für viele Fragen her. Der Schweizer Knigge hat sich auf den spätkapitalistischen Jahrmärkten der Eitelkeiten umgesehen und gibt einige Empfehlungen ab. Für Modemuffel, für Gutbetuchte und für all jene, die die goldene Mitte bevorzugen.

Der Anzug

Nichts kleidet einen Mann besser als ein Anzug – wenn Sie Zweifel haben, fragen Sie Ihre Partnerin oder Ihren Partner. Der Anzug ist denn auch wie ein Haus: Man wohnt darin. Er ist Rüstung und Uniform zugleich. Individualität wird eher codiert als lautstark zum Ausdruck gebracht. Die Farben sind konservativ: Blau, Grau und Anthrazit. Bei Brauntönen hiess es früher: no brown in town! Das stimmt allerdings nur noch bedingt. Der Schweizer Knigge sagt: «À vous de faire le choix – qu'est-ce-que votre chef fait?»

Farbpalette

Grünliche Farben (ausser Olive) und (Bordeaux-!)Rot gehen nicht. Beigetöne oder ein hellblauer Anzug sind jedoch eine stilsichere Wahl bei sehr sommerlichen Temperaturen. Selbstverständlich sind Nadelstreifen, äusserst dezente Fil-à-Fil- oder Fischgratmuster gern gesehene Eyecatcher, und auch Schwarz als Anzugsfarbe wird immer öfter in Betracht gezogen: In Werbung, Architektur, Kunst wird dieser Ton sogar ausgesprochen gern getragen, und selbst verwegene Banker sollen darin schon gesehen worden sein.

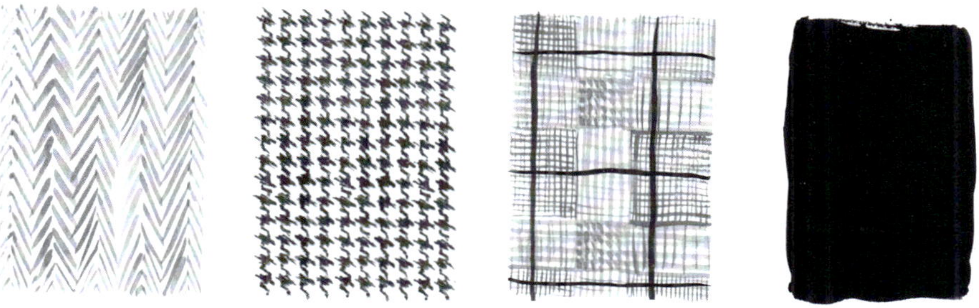

Fischgrat, Pied de poule, Glencheck und Werberschwarz

Schwarz ist aber hierzulande doch auch die Farbe für Trauer, und es gilt deshalb der allgemeine Grundsatz, dass Schwarz an Beerdigungen und sonst erst am Abend (dann ist die Farbe sehr chic!) getragen wird. Es dürfte die Teppichetage sein, die diesbezüglich die Richtlinien in Ihrem Unternehmen vorlebt oder schriftlich festhält: Halten Sie sich daran! Trägt der CEO Schwarz, heisst das allerdings nicht automatisch, dass dies auch das Fussvolk darf – achten Sie auf Ihr Umfeld, auf das, was auf ähnlicher Hierarchiestufe getragen wird. Mit einer mutig gewählten Anzugsfarbe jedenfalls lässt sich das Profil nicht schärfen, dafür gibt es andere Möglichkeiten.

DIE GEBURTSSTUNDE DES ANZUGS

Englische Herrenausstatter «erfanden» Mitte des 19. Jahrhunderts den Anzug, als sie anstelle des knielangen, farbenfrohen und reich verzierten Gehrocks für festliche Anlässe den (mit Weste) dreiteiligen, einfarbigen, dunklen Anzug, wie wir ihn heute kennen, zum Standard erhoben. Später haben die Italiener sich der Sache angenommen und mit leichteren Stoffen sowie schlankeren Linien das Erscheinungsbild des Mannes nachhaltig modernisiert. Da die Geschäftswelt zu konservativen Ansichten neigt, ist sie von der englischen Schneiderkunst stärker geprägt als von unseren südlichen Nachbarn, die immer wieder auch Stilbrüche suchen und lässiger mit dem Thema umgehen. Welcher Philosophie Sie eher zuneigen, hängt von Ihren Vorlieben und den vorherrschenden Gebräuchen in Ihrer Branche ab.

... UND TSCHÜSS!

Lassen Sie sich nicht für dumm verkaufen. Drei dieser Bemerkungen seitens des Personals und Sie verlassen den Laden wieder!

- *Das sitzt ja wie angegossen.*
- *Zu gewagt? Wo denken Sie hin!*
- *Damit werden Sie Karriere machen!*
- *Ist halt mal etwas anderes!*
- *Das trägt man diese Saison so.*
- *Sagen wir es so: Der günstigere steht Ihnen auch, aber dieser hier ...*
- *Wieso nehmen Sie nicht beide?*
- *Also, SIE können das tragen!*
- *Nur Mut, Sie werdens nicht bereuen.*
- *Den Anzug werden Sie noch in 20 Jahren tragen.*

Öfter mal was Neues – der Schnitt

Die Modeindustrie weiss zwar sehr wohl, dass sie die Geschäftswelt mit den bekannten Anzugsfarben zu bedienen hat. Da gibt es nicht viel Spielraum, auch wenn sie es immer wieder versucht und den farbigen Look propagiert. Doch die Auffassung davon, wie der perfekte Schnitt eines Anzugs auszusehen hat, die ändert sich schnell. Da sind die Modehersteller sehr geschickt darin, immer wieder Neues vorzuschlagen. Plötzlich kommt der Zweiknöpfer wieder, ist das Jackett – wie gerade aktuell – auffallend kürzer geschnitten, die Silhouette von Jackett oder Hose eine schlankere als gestern. In der Welt des marktwirtschaftlichen Wettbewerbs sind Revolutionen verpönt, aber sie geschehen im Bereich der Passform zuweilen schneller als vermutet.

Ein kurzer Bummel durch die Männerabteilung eines Warenhauses oder bei PKZ und H&M sagt Ihnen schnell, was Sache ist und was von einem Schneider eventuell geändert werden kann. Oder gar definitiv entsorgt werden muss. Machen Sie sich diese Mühe, es sind die Details, die den Look prägen.

MEIN ERSTER ANZUG

Sie haben sich entschieden, Ihren ersten Anzug zu kaufen. Gut so! PKZ, Schild, Massimo Dutti, Herren Globus, Strellson, Bernies oder Hugo Boss dürften Ihre erste Anlaufstelle sein. Hosen- und Ärmellängen werden bei etwas teureren Modellen auf Mass gekürzt, das macht einen grossen Unterschied. Zudem gibt es ein Baukastensystem, bei dem man den Veston in einer Grösse und die Hose in einer anderen kaufen kann. Für gewisse Figurentypen ist das eine interessante Alternative. Die wichtigsten Merkmale des ersten Anzugs: dunkelblaue Farbe, Einreiher, 100 Prozent Wolle, ein Rückenschlitz (allenfalls zwei), gute Passform. Die Hose hat keinen Umschlag und macht einen einzigen Knick, bevor sie auf den Schuh fällt.

Sitzt perfekt

Je nachdem, wie grosszügig das Budget für Ihre Berufsuniform ausgelegt ist, haben Sie Anzüge in unterschiedlichen Stoffen, Strukturen und Farben im Kleiderschrank hängen. Die flexibelste Allzweckwaffe bildet dabei der dunkelblaue Anzug. Das Jackett lässt sich bei entsprechender Gelegenheit mit verschiedenen Hosen kombinieren und kann auch einmal mit einem Rolli oder einer gewagteren Hemdvariante getragen werden.

Aber immer in perfekter Passform, am besten in der Version mit zwei Knöpfen. Ein riesiges Ärgernis: Mindestens zwei von drei Männern tragen ihren Anzug eine Konfektionsgrösse zu gross! Das kann sehr schnell einmal ungelenk und tölpelhaft aussehen. Weiter ist zu beachten: Je unauffälliger die Details, desto länger die modische Lebenserwartung des Stücks.

Ein- oder zweireihiger Anzug? Bei fast allen Figurentypen ist dem Jackett mit einer Knopfreihe der Vorzug zu geben. Sehr schmale Oberkörper erhalten jedoch mit einem Doppelreiher mehr Volumen. In der Wirkung kommt dies allerdings sehr schnell etwas antiquiert herüber. Doch halt: Erst neulich wurden wieder Exemplare in einer modernen Interpretation gesehen – kürzer und enger anliegend, jedenfalls sehr chic. Steht der alte Klassiker also vor einer Renaissance? Warten wirs ab und begnügen uns vorerst mit dem Hinweis, dass Zweireiher immer geschlossen getragen werden.

Zwei oder drei Knöpfe?

Heute wird fast ausschliesslich die Version mit zwei Knöpfen getragen. Ein Dreiknöpfer geht aber auch in Ordnung, sofern er körpernah geschnitten ist. Beim Stehen oder Gehen sollte der Anzug übrigens immer geschlossen sein; nur der unterste Knopf bleibt offen. Bei der dreiknöpfigen Variante haben Sie die Wahl: zwei Knöpfe geschlossen oder nur der mittlere, das entscheidet der bessere Reversverlauf. Nur beim Sitzen wird das Jackett jeweils ganz geöffnet.

Einer, zwei oder keiner? Der Schlitz hinten

Die Frage ist schnell beantwortet: Schlitze ermöglichen den leichteren Einschub der Hand in die Hosentasche – quasi überlebenswichtig, wie es scheint! Wie viele also? Das entscheiden Sie, die Engländer tragen zwei, die Amerikaner einen, die Italiener hingegen vielfach keinen. Das bessere Aussehen im Spiegel gibt wohl den Ausschlag. Bei der Version mit zwei Schlitzen kann der «Deckel» allerdings ein eher gross geratenes Hinterteil unnötig betonen. Heute modern: der Einschlitzer.

LOGOS? LOGO!

Sie sind von Freizeitkleidern nicht mehr wegzudenken und dort in Form eines kleinen Krokodils auch durchaus okay. Im Geschäftsumfeld hat ein Logo gar nichts zu suchen – insbesondere nicht auf Gürtelschnallen, Socken und am Ärmel des Vestons. Die ästhetischen Kollateralschäden sind einfach sehr hoch. Die Suche nach dem Füllfederhalter im Tschopen und das Zeigen des dort angebrachten Namens des Herrenschneiders deutet im Fall von «Boss» jedenfalls nicht automatisch auf die Position im Firmenorganigramm.

Gehört auch noch dazu: die Hose

Sie ist in Farbe und Material gleich beschaffen wie das (Anzugs-)Jackett – im Inventar der Businessetikette. Ob die Hose einen konservativen Schnitt hat, mit Bundfalte also, oder einen modernen, ohne und schmaler geschnitten, das bleibt Ihnen überlassen. Auch ob mit Umschlag oder ohne – das wäre die zeitgemässere Variante –, wählen Sie selber aus. Zur Länge gilt, dass die Hose höchstens eine Falte vorn wirft und hinten sauber in den Schuhabsatz überläuft. Wiederholung: eine (einzige!) Falte

KNACKPUNKTE BEIM ANZUGKAUF

- **Schultern:** Die Schulterpartie sollte natürlich geformt sein und eine gerade Linie bilden, wobei die Naht leicht über die Schulter fällt. Sichtbare Polster oder erhöhte Schulterenden sind passé. Auf eine gewisse Bewegungsfreiheit achten, jedoch nicht erwarten, dass man im Jackett Turnübungen machen kann.
- **Form:** Am Rücken bilden sich keine Quer- oder Längsfalten. Die Knöpfe lassen sich leicht schliessen – ohne Baucheinziehen.
- **Revers:** Die beiden Reverslinien sollen locker, aber anliegend auf den geschlossenen Knopf zulaufen. Spitzkragen sind passé oder aber sehr, sehr modisch – Sie entscheiden! Am Nacken sollte das Revers nicht abstehen, sondern eine Einheit mit dem Hemd bilden. Sonst wäre das Jackett zu gross gewählt oder nicht passend geschnitten.
- **Ärmel:** Sie reichen bis knapp oberhalb des Daumenansatzes und lassen zirka zwei Zentimeter der Hemdmanschette zum Vorschein kommen. Eher etwas kürzer als zu lang wählen!
- **Taille:** Die wird heute wieder stärker betont als auch schon; macht sich dynamischer und moderner. Zu eng sieht aber auch nicht vorteilhaft aus: Das erkennt man daran, dass sich bei zugeknöpftem Jackett dort eine horizontale Falte bildet.
- **Länge:** Bis vor zwei Jahren hätte man gesagt: über die Hüfte fallend. Und jetzt sieht man kürzere Versionen und muss einräumen: Das sieht todschick aus. Also, wenn es die Figur erlaubt: irgendwo zwischen Taille und Hinterteil (gilt bis auf Weiteres, bis den Designern ein neuer Look einfällt!).
- **Stoff:** Leichte Wollstoffe halten häufiges Tragen am besten aus und besitzen viele Vorteile gegenüber Synthetikgeweben. Eine leichte Struktur, zum Beispiel mit sich voneinander abhebenden Fäden, verleiht eine dezente Tiefe. Auch im Winter ist eher leichteres Material zu bevorzugen. Der Entscheid, ob Leinen-, Seiden-, Manchester- oder Seersucker-Stoffe noch businesstauglich sind, bleibt Ihnen überlassen.

vorn: Es verwundert immer wieder, wie viele Hobby-Handörgeler es in diesem Land gibt. Oder angehende Konfirmanden, denen s' Mami die Kleider lieber etwas zu gross kauft – der Gute wird bestimmt (hoffentlich) noch wachsen!

REISSVERSCHLUSSPROBLEME & CO.

Spinat zwischen den Zähnen, Lippenstiftfleck auf der Wange, offener Reissverschluss an der Hose: Kleine Missgeschicke Ihres Gegenübers sollten Sie ansprechen. Möglichst diskret allerdings. Sie tun der Person wahrscheinlich einen Gefallen. Bei gewissen Themen geschieht dies mit Vorteil durch das gleiche Geschlecht, Beispiel Reissverschluss. Machen Sie jedoch kein Aufhebens, vielleicht genügt sogar eine Handgeste.

Massanzug versus Masskonfektion

Wem nur das Beste vom Feinsten gut genug ist, der wählt einen Massanzug. Dieser zeichnet sich durch perfekte Passform und Tragkomfort aus. Und ist mit einem Preisschild ab ca. 3000 Franken versehen. Es sind aber auch bis zu 90 Arbeitsstunden nötig, um das individuelle Stück von Hand zu fertigen. Das Prozedere: Zuerst wählt der Kunde das Modell und den Stoff aus. Die Auswahl ist riesig und bedarf einer intensiven Beratung durch den Schneider. Danach wird der Körper ausgemessen. Bei der ersten Anprobe, der sogenannten Rohprobe, sind alle Nähte nur geheftet und weder Kanten noch Taschen eingearbeitet. Es werden Korrekturen vorgenommen. Für den dritten Termin sind die Taschen bereits installiert. Bei der Schlussprobe passt der Schneider die Achseln und Armlöcher an. Jeder Stich, jede Einlage, alles ist von Hand genäht! Tipp: Zwei Paar Hosen kaufen, das verlängert die Lebensdauer des Anzugs beträchtlich und macht sich auf Reisen bezahlt. Auch in der Schweiz gibt es noch auf Massanzüge spezialisierte Schneider. International bekannt mit Topqualität: Kiton, Brioni, Zegna und Tom Ford.

Die etwas preisgünstigere Alternative dazu heisst Masskonfektion. Dank computergesteuerten Schnitttechniken sind die Preise moderater: Zu rechnen ist mit mindestens 1000 Franken (je nach Qualität auch mit deutlich mehr). Auch hier wird als Erstes ein Grundmodell bestimmt, der Stoff ausgewählt und Mass genommen. Diese Angaben gehen dann zusammen

mit dem Stoff ins Ausland (Italien oder meist Slowakei), wo der Anzug industriell gefertigt wird. Bei günstigeren Angeboten werden die Teile geklebt, bei qualitativ besseren genäht. Nach einer ersten und letzten Anprobe folgt das Finish in der Schweiz (bei hochwertigeren Angeboten), oder der Anzug wird direkt ausgeliefert. Bekannte Anbieter: Al Ferano, Hackett, Fasan, Ruchti, Savile Row von Schild, Suit Supply, Suit Art, Eduard Dressler von PKZ.

ZUGEKNÖPFT, BITTE!

Idealerweise hat das Gegenüber den Eindruck, dass man gut angezogen ist, kann aber nicht genau sagen, weshalb. Doch wenn der Träger eines Massanzugs das edle Stück mit dem Nichtschliessen des vordersten Ärmelknopfs signalisiert, mutet das befremdlich an. Der Kenner sieht die stimmigen Details auch, wenn sie ihm nicht unter die Nase gehalten werden.

Auch Monogramme haben auf einem Hemd nichts zu suchen. Muss der Träger sein Umfeld denn daran erinnern, wie er heisst? Stil bedient sich der Disziplinen mit Gespür und dem Wissen um die Feinheiten.

Das Hemd

Kommen wir zum Hemd. Und halten gleich zu Beginn fest, dass eigentlich nur zwei Farben infrage kommen: Weiss und Hellblau. Früher war Weiss den Chefs vorbehalten, während die Angestellten Blau zu tragen hatten. Das weisse Hemd signalisiert denn auch Autorität, Kompetenz und Frische, was natürlich gesuchte Attribute in der Geschäftswelt sind. Doch das hellblaue Hemd kann heutzutage ebenso gut getragen werden und steht besonders Männern mit dunklem Teint vorteilhaft.

Andere Hemdfarben sind zum Businessanzug nur schwer vorstellbar. Vielleicht noch Rosa oder ein blau-weisses Karomuster. Ganz verzichten sollten Sie jedoch auf dunkle Farben, auch wenn ein Blick in die mit Anzugträgern gefüllte Abflughalle eines Schweizer Flughafens etwas anderes suggeriert. Schwarz jedenfalls (mit einer violetten Krawatte?) wirkt überaus unbeholfen und hinterwäldlerisch. Deshalb lautet die Regel: Das Hemd ist immer das hellste Element des ganzen Outfits.

Keine Durchblicke

Ein gutes Hemd ist aus blickdichter Baumwolle gefertigt und hat keine Brusttaschen. Es ist mit langen Ärmeln ausgestattet, Punkt. Kurzarm-Exemplare tragen Sie bitte nur nach der Arbeit, denn auch der Stil kommt bei dieser Variante zu kurz. Wenn es die Situation erlaubt, lassen sich Ärmel umschlagen, das kann zuweilen sogar recht sexy wirken!

Wahlfreiheit dagegen herrscht bei der Frage, ob mit (Doppel-)Manschetten oder ohne. Ersteres sieht natürlich sehr elegant aus und verleiht eine gewisse Aura des Savoir-faire.

PROTESTPOTENZIAL: MÄNNER & JEANS

Am 20. Mai 1873 liessen die Herren Levis und Davis in San Francisco eine aus Segeltuch und zur Verstärkung mit Nieten versehene Hose patentieren. Sie kam als «501 Double X blue denim waist overall» in die Bücher. Erst wurde sie zur Arbeitshose für Feldarbeiter und Goldschürfer. Als Symbol des Protestes, der Unangepasstheit, des Rock 'n' Roll und der sexuellen Revolution hat sie eine beispiellose Karriere gemacht – bis in die offenen Ankleiden von Multimilliardären und in die höheren Etagen von Klein- bis Grossunternehmen.

Nicht immer kann gefallen, was in Jeans daherkommt. Denn was in der Freizeit noch okay sein mag, wirkt im Berufsalltag schnell einmal beiläufig. Hier ist Abhilfe:

- Keine Schlabberjeans oder ausgebeulte Knie: Jeans gehören nach weniger Waschgängen, als einem lieb ist, in den Altkleidersack.
- Berühmte Designer-Namen sind keine Garantie dafür, dass die Jeans gut sitzt – ein hoher Preis ebenfalls nicht: Tatsache ist: Es kommt auf die Farbe, die Stoffqualität und den Schnitt an, nicht auf den Namen hinten rechts.
- Trendy ist etwas für Berufsjugendliche. So irgendwann nach 33 sollte kein Mann mehr Jeans mit Schlitzen, Löchern, unnatürlichen Verfärbungen und anderen als klassischen Schnitten tragen. Ausser er ist Profi-Fussballer am TV oder heisst Jon Bon Jovi.
- Höhe: Am besten sehen Jeans aus, die ca. eine Handbreit unter dem Bauchnabel enden. Alles andere ist entweder lächerlich (wenn tiefer) oder gehört in die Abteilung Rheumawäsche (wenn höher).
- Farbe: von Mittelblau bis Nachtblau. Oder Schwarz.

Nehmen Sie Ihre Partnerin, Ihren Partner mit zum Jeanskauf, sie wissen es (wie so vieles) besser.

Übrigens: Passformen, die etwas tailliert sind, sehen ungleich besser aus als gerade Hemden in Sackform. Was in dieser Hinsicht den besten optischen Eindruck hinterlässt, wird nur das Anprobieren im Kleidergeschäft schlüssig zeigen. Tun Sie das bei jedem Hemdenkauf, das ist gut investierte Zeit!

T-Shirt, Rolli, langärmliges Edel-Polo? Wenn Sie Selbständigerwerbender sind, ein hohes Tier oder wenn Ihr Output so gehaltvoll ist, dass Sie tun und lassen können, was Sie wollen, dann nur zu. Normalsterblichere müssen (je nach Branche) eventuell mit einem Verweis rechnen.

Kentkragen

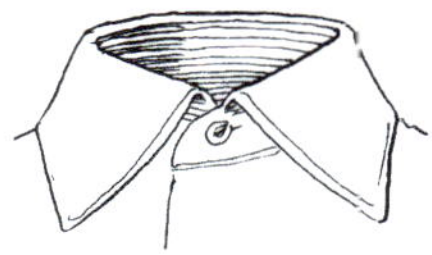

Button-down

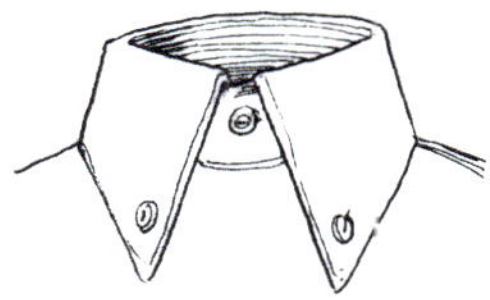

Haifischkragen

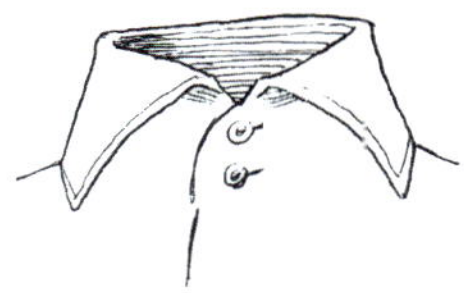

Kragenformen

Spitze Kragen, die sogenannten Kentkragen, sind universell einsetzbar, während Button-down-Varianten nur ohne Krawatte getragen werden. Sogenannte Haifischkragen wiederum wirken sehr modern und jugendlich. Die richtige Grösse haben Sie gewählt, wenn zwischen Kragen und Hals noch zwei Finger Platz finden.

Die Krawatte

Krawatten sind zurzeit schmal, zirka drei Finger breit, und das ist auch gut so. Die etwas älteren, sehr breiten Saucenfänger bleiben im Kleiderschrank oder werden zum Färben von Ostereiern verwendet. Sehr en vogue sind unifarbene und strukturierte Krawattenstoffe. Exemplare mit Tierchen und anderen lustigen Motiven wirken dagegen eher weniger sympathiemaximierend.

Das Krawattenbinden haben Sie wahrscheinlich spätestens in der RS gelernt. Möchten Sie Ihr Repertoire noch etwas erweitern, dann schauen Sie bei YouTube nach, wie Knoten gebunden werden. Dort wird alles anschaulich und leicht nachvollziehbar erklärt. Die drei Klassiker heissen «Four-in-hand», «Windsor», und «Half Windsor». Diese Begriffe geben Sie auf der Plattform ein. Noch ein Tipp: Ist die Krawatte aus dickerem Material, bieten sich einfache Knoten an, bei feineren Stoffen oder in Kombination mit einem Haifischkragen kann es aber dann ein voluminöserer sein.

Die Krawatte sollte so lang gebunden sein, dass sie in der Mitte der Gürtelschnalle endet. Ein letzter Hinweis: Die Farbe Rot bei der Krawatte signalisiert unterschwellig: Hier bin ich der Chef. Sehr schön ist das jeweils bei Fernsehdebatten von Präsidentschaftskandidaten im Ausland zu sehen, wo mit diesem Fingerzeig sehr offenkundig um Autorität gebuhlt wird. Der Schweizer Knigge findet dieses Spiel etwas gar durchschaubar und mag es lieber etwas subtiler, also Ton in Ton mit der Anzugs- oder Hemdfarbe.

SPIELT EINE ROLLE

Wenn Sie abends an der Krawatte bloss den Knoten lockern und sie dann an einen Bügel hängen, leidet das gute Stück auf die Dauer. Schöner, wenn Sie sie stattdessen aufbinden und lose aufrollen, das wahrt die Form und schont den Stoff.

EINSTECKTUCH UND MANSCHETTENKNÖPFE?

Sie sind natürlich kein Muss, aber ein gepflegt wirkendes Detail. Wenn Sie sich fürs Tragen von Manschettenknöpfen entscheiden, dann bitte nur zu Hemden mit Doppelmanschette. Sehr hochwertige Exemplare tragen Sie nur zur Abendgarderobe. Beim Hemdenkauf dienen kleine Stoffknoten als Platzhalter, sie werden nachher nicht mehr verwendet.

Das Einstecktuch zeigt nicht das gleiche Muster wie die Krawatte. Es sollte aber deren Farbe oder besser noch die Farbe des Hemdes in irgendeiner Weise übernehmen.

Die Schuhe

Zuerst die drängendste Frage überhaupt: Natürlich dürfen braune Schuhe auch im Berufsumfeld getragen werden. Und trotz «no brown after six» auch nach Büroschluss – diese Regel ist von gestern! Gerade in Kombination mit blauen Anzugsstoffen sehen braune Schuhe sehr elegant aus – je heller das Braun, desto unorthodoxer natürlich.

Schwarz ist freilich die klassische Schuhfarbe. An dieser Variante kommt niemand vorbei, es sollte sich deshalb um ein Exemplar mit Ledersohle handeln, das von möglichst hoher Qualität ist (rahmengenäht). Rund doppelt so teuer wie herkömmliche Schuhe, ist das rahmengenähte Paar, in zeitloser Machart gewählt, eine Investition, die sich bezahlt macht. Sie können es über Dutzende Jahre tragen und sparen so letztlich viel Geld! Und: Ein gutes Paar Schuhe ist die Visitenkarte des Geschäftsmanns und legt beredtes Zeugnis ab von seinem Qualitätsverständnis.

Die Schuhform

Zum Anzug passt ein Derby – mit offener Schnürung, aus zwei verschiedenen Teilen gefertigt und deshalb mit einer Seitennaht versehen. Oder der etwas elegantere Oxford mit geschlossener Schnürung und aus nur einem Lederstück hergestellt, ohne Seitennaht. Loafers und Slippers bleiben der Freizeit (und Amerika) vorbehalten.

Zwischen Oxford und Derby:
Monkstrap oder Doublemonk

Für die Freizeit:
Loafer

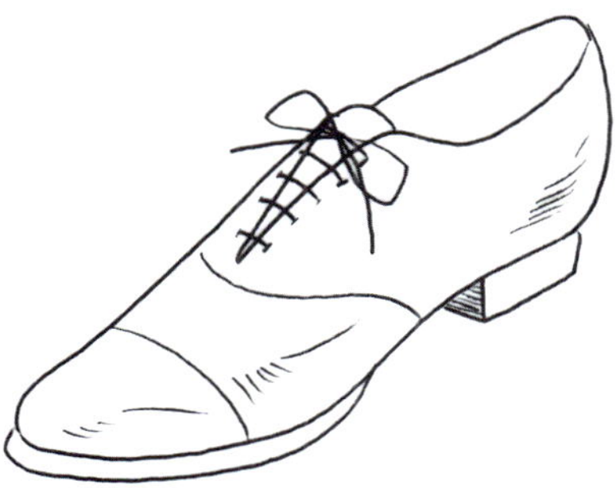

Der eleganteste:
Oxford

Der vielseitigste:
Derby

ARBEITEN SIE ODER TURNEN SIE NOCH?
Sportartikelverkäuferin oder Lernender in einer Schreinerbude? Dann tragen Sie doch bitte Turnschuhe! Und wenns neonfarbene sind, die jetzt so angesagt sind? Wenn es Sie glücklich macht, umso besser! Wird farblich wohl exzellent zur Haarmèche passen.

Graue Schläfen, Bauchansatz, Ratsherrenecken? Dann erwartet man von Ihnen wohl etwas mehr Differenzierung. Auch die in Neon werden nicht vom Umstand ablenken, dass ewige Jugend nicht ewig ist. Zum Trost vielleicht dies: wir werden alle gleich schnell alt, ob als 16-, 30- oder 45-Jährige.

Socken, Gürtel, Uhr – die Accessoires

Socken sind schwarz oder aber Ton in Ton zum Anzug oder den Schuhen passend und stets in langer Version zu tragen. Knöchelkurze Socken sind eine schweizerische Unart, die es möglichst per Altkleidersack zu entsorgen gilt. Da kennt der Schweizer Knigge kein Pardon!

Dass der Gürtel zu den Schuhen passen sollte, ist logisch. Er muss aber nicht im präzis gleichen Ton oder Material sein. Wohl eher sollte es heissen: Braun geht mit Braun zusammen und zu schwarzen Schuhen gehört ein schwarzer Gürtel. Das Thema der Logos auf der Gürtelschnalle wurde schon an anderer Stelle geklärt. Der Schweizer Knigge fragt sich manchmal, weshalb es so viele Männer mit der Initiale «H» gibt, nur weil Hermès einen Gürtel mit diesem Buchstaben als Schnalle herstellt: Sind das alles Hanspis, Herberts, Hugos oder Holgers?

Fast Gleiches lässt sich über die Uhr (Achtung: Statussymbol!) für den Geschäftsmann sagen. Dass das Exemplar für Tiefseetauchgänge nämlich nicht automatisch auch fürs Haifischbecken des Wirtschaftslebens taugt. Hinsichtlich Grösse und Sportlichkeit geht der Trend wieder zu subtileren Botschafterinnen der Schweizer Uhrmacherkunst. Das ist zu begrüssen, denn der Exzesse – über 44 mm Durchmesser – ist man mittlerweile überdrüssig.

Übrigens: Eine Swatch geht immer, ausser Sie sind CEO eines Millionenunternehmens, dann wirkt die Billiguhr zu billig – man wird vermuten, dass sie das einzige Exemplar mit dreistelligem Preis ist und nur als Tarnung getragen wird (Stichwort Authentizität!).

MODEMASSAKER

- **Altmodisch:** Gut sitzende Kleider sind wichtig. Veraltete Schnitte lassen den Träger älter aussehen, als er ist.
- **T-Shirt unterm Hemd:** Selbstverständlich dürfen Sie ein solches tragen, nur sehen sollte man es nicht. Bitte vorher testen! Bei offenem Kragen sollte es jedenfalls eines mit V-Ausschnitt sein.
- **T-Shirt zum Anzug:** Wenn es die Position erlaubt und Sie unter vierzig sind, dann kann das natürlich sehr frech wirken. Für ältere Semester hingegen ist dieses Outfit nicht sehr ratsam. «Cool» wird dann schnell durch «lächerlich» ersetzt.
  Stattdessen: ein Poloshirt.
- **Button-down-Hemd und Krawatte:** Es gab Zeiten, da dies häufiger zu sehen war. Solche Hemden sollten nur mit geöffnetem Kragen, ohne Halsbinde und zu sportivem Veston getragen werden.
- **Kurzarmhemden:** Einwandfrei, wenn Sie Busfahrer, Polizist oder Gärtner sind, sonst nicht. Mit Kurzarmhemden verspielt der Mann viel Kredit bezüglich Ausstrahlung und Kompetenz.
- **Zu kurze Socken:** Niemand, wirklich niemand will Affenbeine oder solche im Hühnerlook ansehen müssen. Das gilt auch für Prachtexemplare, die die Natur mit vielen Schönheitsattributen ausgestattet hat.
- **Bunt:** Schreiende oder schlecht kombinierte Farben tragen, das tun nur Berufsjugendliche. Wenn ein Farbakzent, dann ein einziger. Ein dunkles Hemd und ein helleres Jackett passen ebenfalls nicht zusammen, das Hemd sollte meist das hellste Element in der Erscheinung sein. Architekten und Werber natürlich ausgenommen.
- **Symmetrischer Krawattenknoten:** Wer jüngeren Semesters und weder in einer Studentenverbindung mit Anzugspflicht noch in der Jung-SVP ist, sollte den Windsor-Knoten meiden und sich stattdessen den Four-in-Hand vorknöpfen. Ab 30 ists dann eine Temperaments- oder Lohnklassefrage. Denn ein nicht ebenmässiger Knoten schafft einen Kontrast zwischen Revers und Hemdkragen und wirkt immer interessanter als das konservative Windsor-Ding.

Ein Letztes zu diesem Thema: Ein Regenschirm, eine Computertasche, eine Arbeitsmappe, Schreibutensilien, Notizblöcke etc. sollten in Material und Verarbeitung hochwertig sein. Sie mögens glauben oder nicht: Das sagt viel über das Qualitätsverständnis aus, das Sie und Ihr Unternehmen pflegen.

Haariges und Anrüchiges

Ausser Sie sind Berufshippie, gelten aus den Ohren oder der Nase ragende Haare als Zeichen unsorgfältiger Körperpflege. Und auch eine nachlässige Rasur hinterlässt, richtig, einen robinsonmässigen Eindruck. Und der (Dreitage-)Bart? Sehr modern, kein Zweifel, Fringe Benefits in der Männlichkeitsskala inklusive. Über kurz oder lang entscheidet die Gesamtperformance.

Von Frauenseite heisst es, dass es die Männer mit dem Applizieren von Parfum & Co. oft etwas übertreiben. Das kann auch daran liegen, dass immer derselbe Duft verwendet wird und man mit der Zeit die Sensibilität und das richtige Mass verliert. Zwei verschiedene Buketts jeweils an anderen Tagen benützt, werden diesen Beschwerdepunkt wohl zum Verduften bringen.

Sie sahen sich früher eher als Lead-Gitarristen auf der Bühne des Hallenstadions statt als braven Krawattenträger auf gewienertem Wirtschaftsparkett? Und haben sich damals Ihr Lebensmotto in die Haut ritzen lassen, damit auch ja keine Zweifel über Ihre Laufbahnabsichten aufkommen? Viel Gelegenheit, Ihre Gesinnung aus der Vergangenheit zu zeigen, gibt es im Büroalltag wohl nicht. In der Regel werden Sie ein langärmliges Hemd tragen, falls Sie irritierenden Fragen aus dem Weg gehen wollen.

NO-GO FÜR IHN

- Überfüllte Taschen in Jackett und Hose
- Krawatte in falscher Länge
- Handytasche am Gürtel
- Einstecktuch im gleichen Stoff wie Krawatte
- Fliege im Geschäftsalltag
- Pullover oder Pullunder unter dem Anzug
- Oberster Hemdknopf unter der Krawatte geöffnet
- Ungepflegte Schuhe mit Gummisohlen, abgelaufene Sohlen

«BITTE VERDUFTE!»

Dass jemand nicht vorteilhaft riecht, soll ja vorkommen. Als Vorgesetzter ist es wahrscheinlich Ihre Pflicht darauf hinzuweisen. Auch Kollegen werden das Thema ansprechen wollen, wenn die Sache allzu anrüchig wird. Doch wie vorgehen? Der Schweizer Knigge meint: Sprechen Sie das Problem eher beiläufig an, unter vier Augen. Beginnen Sie in der Ich-Form: «Letzthin ist mir bei der Messe in Basel aufgefallen, dass ...» Die angesprochene Person soll das Gesicht wahren können. Am Schluss steuern Sie wieder andere Themen an, sodass das Ganze einen eher beiläufigen Charakter bekommt. Ein auf den Arbeitsplatz gestelltes Deo verbietet übrigens die Höflichkeit. Das schürt nur Misstrauen und vergiftet das Arbeitsklima.

Stichwort Hygiene: Einen Anzug lüften Sie am besten 24 Stunden lang an der frischen Luft vor dem erneuten Tragen, nach drei- bis fünfmaligem Gebrauch gehört er in die Reinigung. Der «Casual Friday» hatte übrigens seinen Ursprung darin, dass an diesem Tag die Geschäftsuniform in die Reinigung kam, sodass sich in der nächsten Woche die Dinge wieder proper präsentierten.

Bitte nicht so förmlich!

Eine streng ausgelegte Interpretation der Businessetikette kennt nur eine Spielart der Kleidung für den Geschäftsmann: die auf den vorherigen Seiten beschriebene. Und selbst der Dresscode «Business Casual» weist lediglich auf eine Tenue-Erleichterung hin: Die Krawatte wird weggelassen. Der Alltag in Schweizer KMU und Büros sieht freilich anders aus. Da wird munter mit den Möglichkeiten gespielt, hier eine adrette Jeans, da ein Tweedveston mit wollener Hose getragen, dort ein Manchester- oder frech karierter Anzug – meist fehlt die Krawatte überhaupt.

Dagegen ist überhaupt nichts einzuwenden. Das ist auch Teil der Schweizer Erfolgsgeschichte, bestimmt von Pragmatik und einer gewissen Skepsis gegenüber Schubladendenken. Man sieht die Dinge nicht zu formal – und im Schrank in der Bude gibt es eine Krawatte oder ein schickes

DER KÖRPER ALS GESAMTKUNSTWERK

Ganze Wirtschaftszweige – die Schönheitschirurgie, die Kosmetik- und Fitnessindustrie etwa – leben davon, dass Menschen ihren Körper verjüngen oder wenigstens optimieren wollen. Körperkult und Narzissmus beherrschen die Allgemeinheit in nie dagewesener Form. Vielleicht ist das Bild des Jungbrunnens so alt wie die Menschheit selber, doch sie hat noch nie so viele Mittel bereitgestellt, um die Illusion und Durchführbarkeit dieses Anliegens zu propagieren oder als wünschenswert erscheinen zu lassen. Sich schön, gut gestylt und körperbewusst präsentieren zu können, gehört heute offenbar zum normalen Repertoire für Erfolgsmenschen. Und ein mitleidiges Lächeln erntet, wer sagt: «Ich bin einfach etwas zu klein für mein Körpergewicht.»

Doch mancher Jungspund würde einiges an Attraktivität gewinnen, wenn er sich statt des Trainings des Bizeps in der Muckibude zum Beispiel die Lektüre von Casanovas «Mein Leben» gönnen würde. Sein Erfolg beim anderen Geschlecht würde sich jedenfalls um ein Vielfaches multiplizieren. Nicht wenige Stimmen aus dem dortigen Lager sagen denn auch: «Brain ist sexy!» In ähnlichem Geist auch Christian Morgensterns Aussage, dass schön eigentlich alles sei, was man mit Liebe betrachte. ■

Paar Schuhe für den Fall, dass es zu unangemeldeten Kundenkontakten kommen sollte.

Der Schweizer Knigge hat in diesem Kapitel denn auch die Gepflogenheiten umschrieben, wie sie vorzugsweise ab der mittleren Führungsetage und in Abteilungen mit starker Kundenorientierung gelten. Ausgehend von diesem Niveau, ist der Auftritt schnell weniger zugeknöpft gestaltet: die Vestonwahl etwas ungezwungener, die Hose lässiger, die Schuhe abenteuerlicher. Hauptsache, die Kleiderwahl ist der Situation angemessen und erfüllt die Erwartungen, die Kunden und Arbeitgeber an Sie haben. Ein guter Leitfaden, was in dieser Beziehung möglich wäre, ist in Zeitschriften oder Modebeilagen von grossen Zeitungen zu finden. Diese richten sich in der Regel nicht an die oberste Teppichetage, sondern an eine modeaffine und jüngere Klientel. Alles wird ein bisschen mutiger, bunter und in unbeschwerter Façon getragen. Accessoires lockern die Verhältnisse zusätzlich auf. Grundsatz: Nicht ins Auge fallen, sondern in Erinnerung bleiben!

Ein Wort zu Dresscodes

Dresscodes geben einen Hinweis darauf, was hinsichtlich der Kleidung erwartet wird – zum Beispiel an einem grösseren Firmenanlass. Das ist gut so. Schwieriger wird es, wenn die Sachlage immer wieder mit anderen Namen bezeichnet, Begriffe ausgetauscht oder miteinander verbunden werden, sodass am Schluss niemand mehr weiss, was tatsächlich gemeint ist.

Es konnte auch schon beobachtet werden, dass Männer sich – vor allem an Privatanlässen – höchst resistent gegenüber Dresscodes zeigen, während Frauen dazu neigen, die Dinge zu übertreiben. Ersteres zeugt übrigens von mangelndem Einfühlungsvermögen, Letzteres von fehlendem Sachverstand bezüglich Mode. Die anschliessende Tabelle stellt die Dinge in einen passenden Kontext.

Im beruflichen Umfeld immer wieder anzutreffen ist der Begriff «casual». Zum Beispiel auf der Einladung fürs Weihnachtsessen, wenn dieses nicht gleich nach Büroschluss beginnt. Oder auf der Einladung an Kunden für einen externen Sportanlass. «Casual» bedeutet hochwertige Alltagskleidung, mit dem Zusatz «smart» versehen, in etwas schickerer Version, gepflegt jedoch in jedem Fall. Keine Jeans! Bei «smart casual» trägt der Mann eine Krawatte, bei «casual» hingegen statt eines Hemds ein Poloshirt und keinen Brustschmuck, aber immer ein Jackett. Als Schuhe sind eventuell Loafers angezeigt. Für Frauen drängen sich Kostüm, Hosenanzug oder das kleine Farbige – das sogenannte Etuikleid – auf. Als Synonyme für «casual» sind anzutreffen: informelle Kleidung, bequeme Kleidung, legere Kleidung.

DRESSCODES IM ÜBERBLICK

Dresscode	Anlass	Der Mann
D: zwanglose Bekleidung F: tenue décontractée E: private casual	Freizeiteinladung	Keine Vorschriften
D: informelle Bekleidung F: tenue informelle / tenue sport chic E: business casual / casual elegance	■ Brunch ■ Sightseeing (auf Geschäftsreise) ■ Kundenanlass mit Freizeitcharakter ■ Hochzeitsauftakt ■ Workshop ■ Seminar ■ Vortragsbesuch	■ Sportliche Hose (Chino, Leinen, Baumwolle, Cord) ■ Sportliches Langarmhemd oder Poloshirt ■ Sportliches Jackett ■ Dunkle Socken, geschlossene dunkle Schuhe ■ Keine Krawatte!
«come as you are» Nicht wortwörtlich zu nehmen: Gemeint ist, dass man so wie bei der Büroarbeit erscheint.	■ Büroparty ■ Private Veranstaltung ■ Festlicher Anlass ■ Cocktail	■ Anzug mit Krawatte oder modische Kombination ohne
D: Strassenanzug / Cocktail (gedeckter Anzug) F: tenue de ville E: informal / business suit / business attire / day informal	■ Geschäftsalltag ■ Businessveranstaltung ■ Geschäftsreise mit Kunden-kontakt ■ Cocktail ■ Diplomfeier ■ Firmenessen ■ Hochzeit ■ Beerdigung	■ Anzug in eher dunkler Farbe (allenfalls dezente Kombination aus Veston und Hose) ■ Weisses, hellblaues oder dezent gemustertes Hemd ■ Dunkle Socken, dunkle Schuhe mit Ledersohle ■ Krawatte
D: festlicher / dunkler Anzug F: tenue foncée E: dark suit / lounge suit	■ Festlicher Anlass ausserhalb der Geschäftsräume ■ Abendveranstaltung oder Cocktail ■ Theater- oder Opernpremiere ■ Klassisches Konzert ■ Roter-Teppich-Anlass ■ Hochzeit	■ Dunkler Anzug (anthrazit, dunkel-blau oder -grau, schwarz) ■ Weisses Hemd ■ Diskrete, dunkle Krawatte ■ Evtl. Pochette ■ Schwarze Socken, schwarze Schuh

Die Frau	Nein	Ja
Keine Vorschriften	–	Auch «sporty casual» genannt ■ Baumwollhose ■ Cordhose ■ Jeans ■ Sportliches Jackett
■ Sportliches Kostüm oder Hose, Jacke (auch Blusenjacke) und Shirt ■ Strümpfe, geschlossene dunkle Schuhe	■ Shorts ■ Jeans ■ Freizeit-Look ■ Offene Schuhe ■ Mini ■ Dekolleté	■ Blazer ■ Pullover/Rolli ■ Loafer ■ «Smart casual»: 2-teiliger Anzug ohne Krawatte und evtl. Poloshirt statt Hemd ■ Caprihose (für sie!)
■ Deuxpièce mit Rock oder Strickjacke ■ Twinset	■ Kein Dresscode für eine FKK-Party, «so wie Gott Sie schuf» ■ Freizeitkleider und Jeans	
■ Dezentes Kostüm ■ Kurzes Kleid mit Jacke ■ Eleganter Hosenanzug ■ Strümpfe, geschlossene, elegante Schuhe	■ Aufgeknöpftes Hemd ■ Helle Socken ■ Pullover/Rolli ■ Dunkle Hemdfarbe ■ Kurzarmhemd	■ Anzug plus Weste ■ Nadelstreifen und andere dezente Muster ■ Im Sommer: beiger oder hellblauer Anzug ■ Rosa Bluse für sie ■ Evtl. Etuikleid mit Jacke für sie
■ Festliches Kostüm ■ Dunkler Hosenanzug ■ Das kleine Schwarze ■ Evtl. offene, dunkle Schuhe	■ Bunte Krawatte ■ Schuhe mit Gummisohlen ■ Kombination von Veston mit anderer Hose	■ Manschettenknöpfe ■ Evtl. Smoking für Damen ■ Für sie: auch ohne Strümpfe möglich

Dresscode	Anlass	Der Mann
D/e: black tie optional F: cravatte noire facultative	Festlicher Anlass in etwas weniger formalem Rahmen	■ Smoking und schwarze Fliege oder ■ Dunkler (nachtblauer oder schwarzer) Anzug mit festlicher Krawatte
D: Smoking (kleiner Gesellschaftsanzug) F: cravatte noire E: black tie / dinner jacket (USA: «tuxedo»)	■ Hochzeitsdinner ■ Silvesterfeier ■ Theater- oder Opernpremiere ■ Ball ■ Festliche Preisverleihung und Roter-Teppich-Anlass	■ Schwarzer Smoking mit rundem Seidenkragen und «Galon» an Hose ■ Weisses Smokinghemd mit Kentkragen ■ Schwarzer Kummerbund und schwarze Fliege ■ Schwarze (Lack-?)Schuhe (Oxford) zum Schnüren
D: Cut F: jaquette E: cutaway coat, morning dress	■ Hochoffizielle Tagesgarderobe ■ Staatsempfang ■ Bräutigam ■ Brautvater und Gäste bei sehr klassischer Hochzeit bis 17 Uhr ■ Pferderennen in Ascot ■ Anlässe mit Royals tagsüber	■ Schwarze oder (für den Bräutigam) graue Schossjacke ■ Grau-schwarz gestreifte Hose ohne Aufschlag ■ Graue oder cremefarbene Weste ■ Weisses Hemd ■ Silberne Krawatte (oder Plastron) ■ Schwarze Oxfords oder Monkstraps
D: Frack (grosser Gesellschaftsanzug) F: cravatte blanche / frac habit E: white tie / full evening dress	■ Nobelpreisverleihung ■ Privater (Adels-)Ball ■ Wiener Opernball	■ Schwarze Frackjacke ■ Schwarze Hose mit Doppelgalons und ohne Aufschlag ■ Weisses, brustverstärktes Frackhemd mit Stehkragen und Doppelmanschette ■ Weisse, V-förmige Weste ■ Weisse, selbstgebundene Fliege ■ Schwarze Lackschuhe

Die Frau	Nein	Ja
■ Cocktailkleid oder ■ Langes Abendkleid oder ■ Festliches Kostüm	■ Farbige Fliege	■ Möglich: Smoking auch ohne Fliege zum geöffneten Hemd (heikel!)
■ Langes oder kurzes Abendkleid mit festlichem Charakter aus Samt, Brokat oder Seide ■ Strümpfe ■ Clutch	■ Stehkragen ■ Weisse oder farbige Fliege ■ Weisse Smokingjacke (nur etikettenkonform bei abendlichen Festen unter freiem Himmel und auf Kreuzfahrtschiffen) ■ Krawatte ■ Für ihn: Uhr ■ Üppiger Schmuck	■ Evtl. ersetzt Smokingweste den Kummerbund ■ Pochette ■ Evtl. offene Schuhe und keine Strümpfe für sie (mutig!) ■ Jacke oder Stola für sie ■ Dekolleté
■ Kurzes Kleid mit Jacke oder Mantel (weder weiss noch ganz schwarz) oder ■ Elegantes Kostüm ■ Edelstrümpfe ■ Geschlossene, elegante Schuhe	■ Fliege ■ Lackschuhe ■ Langes Abendkleid für sie ■ Hosenanzug für sie	■ Evtl. Zylinder (gleicher Stoff wie Weste) ■ Pochette ■ Modern, aber mutig: farbige Weste ■ Für sie: Rock mindestens knielang ■ Für sie: Hut
■ Grosse Abendgarderobe mit Dekolleté ■ Clutch ■ Ausgewählter Schmuck ■ Aufwendige Frisur	■ Schwarze Fliege ■ Krawatte ■ Hose oder Kostüm für sie	■ Evtl. schwarzer Zylinder und weisse Handschuhe ■ Offene Schuhe ohne Strümpfe für sie absolut möglich

4 Beredte Signale – die interaktive Kommunikation

Nicht nur das, was ausgesprochen, sondern auch das, was ohne Worte gesagt wird, hat Wirkung auf andere. Körperhaltung und -bewegung, Geste und Mimik sind Teil dieser nonverbalen Kommunikation. Auf den folgenden Seiten werden Signale angesprochen – die mit dem Körper und die aus dem Mund. Sich vergegenwärtigend, dass man nicht nicht kommunizieren kann und dass vieles verstandesmässig, manches dagegen unbewusst geschieht.

Das Was und das Wie der Kommunikation

Mit dem Begriff Kommunikation bezeichnet die Wissenschaft den Ablauf der gegenseitigen Verständigung unter Menschen. Kommunikation ist demnach ein beabsichtigter oder unbewusster, in jedem Fall aber wechselseitiger Prozess des Sendens und Empfangens von Informationen. Der Inhalt und die Art und Weise ergänzen sich, Verbales wird durch Körpersprache unterstützt oder Lügen gestraft. In diesem Kapitel kommt vieles zur Sprache, selbstredend auch Sie selber.

Vieles wurde geschrieben an Kommunikationstheorien. Ihr vielleicht berühmtester Vertreter war Paul Watzlawick, der den viel zitierten Satz formulierte: «Man kann nicht nicht kommunizieren.» Sobald zwei Personen sich gegenseitig wahrnehmen, tauschen sie sich miteinander aus. Zudem sagte Watzlawick, dass jede Kommunikation neben der Sachinformation einen Hinweis darauf enthalte, wie der Sender seine Botschaft verstanden haben wolle und wie er seine Beziehung zum Empfänger sehe. Dieser Beziehungsaspekt zeige, welche emotionale Bindung zwischen den beiden bestehe. Watzlawick kam zur Erkenntnis, dass eine konfliktfreie Kommunikation dann gelinge, wenn zwischen den Teilnehmern Einigkeit über den Inhalts- und den Beziehungsaspekt herrsche. Er

WIE VIELE WÖRTER HAT EIN MENSCH?

Im Duden stehen rund 135 000 Wörter, doch selbstverständlich existieren weit mehr. Zumal die deutsche Sprache das Verbinden von zwei oder mehr Nomen zu einem einzigen kennt – genial! Wer gut Deutsch spricht, versteht um die 50 000 Wörter, im Alltag verwendet er davon lediglich zwischen 5000 und 10 000.
Um einen Zeitungsbericht lesen und verstehen zu können, muss der Wortschatz mindestens 3000 Wörter umfassen. Und Rilke verwendete in seinen Gedichten gerade mal 5000 verschiedene. ■

unterschied dabei nicht zwischen dem Wort und den nonverbalen Komponenten: Tonalität, Lächeln, Blick etc. Beides ist wichtig: das Was und das Wie.

Form vor Inhalt

Wer etwas mitteilt, spricht immer mehrere Sprachen: die der Worte, die des Körpers und die von Zusatzinformationen. Elemente dieses Zusammenspiels sind:

- **Code** – Sprechweise, Gestik, Mimik, Blick, Kleidung, Körperhaltung
- **Kanal** – mündliche Rede, Papier, elektronische Form
- **Kontext** – Zusammenhang, Situation, Beziehung, Hierarchie
- **Inhalt** – Information, Wortwahl

Welches nun das wichtigere Element sei – das des Inhalts oder jenes der Form –, darüber gibt es viele Meinungen. Die meisten würden aus dem Bauch heraus das Verhältnis mit zwei Drittel/ein Drittel beschreiben, dem Inhaltsaspekt eine grössere Bedeutung beimessen. Tatsächlich macht das Wort jedoch höchstens zehn Prozent aus – es gibt in der Wissenschaft unterschiedliche Prozentangaben, die Stossrichtung ist jedoch klar –, und mindestens 90 Prozent der Verständigung nehmen die nicht sprachlichen Elemente ein. Man mag diesen Umstand bedauern, ignorieren darf man ihn nicht! Das Auftreten, die richtige Krawatte oder die Eloquenz, mit der beim Bewerbungsgespräch die Argumente formuliert werden, spielen eine bedeutsamere Rolle als die tatsächlich vorgebrachten Sachverhalte!

Die nonverbale Kommunikation

Ob bewusst oder unbewusst – der Mensch sendet fortwährend Signale an seine Umwelt. Dabei drückt die Körpersprache die Gefühle des Sprechers aus und übermittelt dem Empfänger Botschaften auf der Beziehungsebene. Noch bevor wir mit anderen Menschen sprechen, haben wir einen Gesamteindruck vom Gegenüber erhalten, dadurch, wie es sich gibt, sich bewegt und gebärdet. Und unser Visavis von uns.

In der Körpersprache sind die wichtigsten Ingredienzen: Körperhaltung und -bewegung, Gestik, Mimik sowie der physische Abstand zum anderen. Positive Empfindungen äussern sich etwa im Lächeln oder Lachen, via leuchtende Augen, geöffnete Hände oder gerötete Wangen. Und schauen sich Unbekannte lange in die Augen, ist das meist der magische Beginn eines Flirts!

Unmissverständliche Körpersprache?

Aber lauern da nicht viele Missverständnisse? Stimmt der erste Eindruck wirklich mit dem tatsächlichen Gemütszustand überein? Die Wissenschaft vertritt die Ansicht, dass bestimmte Primärgefühle wie Angst, Glück, Trauer, Überraschung und Abscheu quasi automatisch körperliche Reaktionen auslösen. So gilt das Stirnrunzeln in praktisch allen Kulturen als Zeichen von Ärger. Einzelne Ausdrucksformen der Körpersprache lassen sich allerdings nur selten eindeutig bestimmten Gefühlszuständen zuordnen. Ein zuverlässiges Gesamtbild ergibt sich erst im Zusammenwirken mehrerer Zeichen – ein einziges Merkmal sollte nicht zu vorschnellen Schlüssen führen! Zum Beispiel über dem Oberkörper verschränkte Arme: Sie können Schutz, Abwehr und Unsicherheit bedeuten. Doch ebenso: Die Person ruht in sich selber, wenn sie einen direkten Blick nach vorn und mit beiden Füssen Kontakt zum Fussboden hat und damit eine Geste der Entschlossenheit signalisiert – das ungefähre Gegenteil des Ersteindrucks!

Ebenfalls wichtig zu wissen: Bestimmte Gesten haben in anderen Teilen der Welt eine andere Bedeutung: In Indien bedeutet ein Kopfschütteln ein eindeutiges Ja, ein Nicken hingegen ein unmissverständliches Nein. Da lauern für international tätige Berufsleute nicht wenige Fettnäpfchen, das sollte Ihnen bewusst sein!

V-ZEICHEN FÜR NIEDERLAGE?

Handzeichen und Gesten können zu interkulturellen Missverständnissen führen. Bei uns deutet zum Beispiel der Fingerkreis mit Daumen und Zeigefinger an, dass etwas in Ordnung ist. Im Süden Europas, in Brasilien und in Russland dagegen ist diese Geste eine beleidigende – Sie können sich denken, weshalb. Bevor man sich in eine bestimmte Weltgegend aufmacht, informiert man sich deshalb besser, wie die Verhältnisse sich dort diesbezüglich präsentieren. Das Internet hilft weiter, wenn man sich länder- oder kulturspezifisch informieren will!

Gleiches Thema, andere Deutung: Das V-Zeichen von Josef Ackermann hat anlässlich seines Auftritts als Chef der Deutschen Bank vor Gericht zu Diskussionen über das Selbstverständnis von Spitzenmanagern geführt, die er so sicher nicht gesucht hatte. Auch Stummes kann sehr beredt sein.

Die Drei-Sekunden-Regel

Wo immer auf der Welt sich Menschen mit identischer oder unterschiedlicher Kultur austauschen, gibt es eine ungeschriebene Regel, die überall gleich ist: Ihre kommunikativen Handlungen teilen Individuen in kurze Einheiten von zirka drei Sekunden ein. In dieser Zeit entscheiden sie, ob sie Hände schütteln, sich umarmen oder eine Drohgebärde zeigen. Der Hintergrund: Unser Gehirn verarbeitet Sinnesreize in unterschiedlichen Geschwindigkeiten. So enthält ein visueller Reiz eine viel grössere Anzahl von Informationen als zum Beispiel ein Geruch – deshalb benötigt die Wahrnehmung unterschiedlich viel Zeit. Würden die verschiedenen Sinnesreize in Ist-Zeit realisiert, könnten wir kein gleichzeitiges Empfinden von Sehen, Riechen, Schmecken, Tasten und Hören erleben – es würde Chaos herrschen. Innerhalb von drei Sekunden sind jedoch alle Reize zu einem Ganzen verarbeitet.

Aufrechte Menschen und krumme Typen

Die Nase hoch tragen, mit geschwellter Brust, den Kopf hängen lassen – all dies sind Körperhaltungen, die als Gefühlsbeschreibung Eingang in die Sprache gefunden haben. Eine aufrechte Person muss eine rechtschaffene Persönlichkeit sein, wird instinktiv vermutet. Denn Körpersprache ist Gefühlssprache, das Sein bestimmt den Schein. Beispiele:

- **Positive Zeichen**
  Gerade Körperhaltung, leicht geöffnete Beine, Zurücklehnen im Stuhl, langsame, elegante Bewegungen, unverkrampftes Lächeln, Blickkontakt (ohne Anstarren), ruhige Kopfhaltung, kräftige Stimme, angemessener Druck beim Händeschütteln, Körper dem Gegenüber zugewendet, breitbeiniger Stand
- **Negative Signale**
  Hektische Mikrogesten mit den Händen, an der Nase kratzen, über die Haare streichen, an Ehe- und sonstigen Ringen drehen, Blickkontakt nicht halten, gebeugte Körperhaltung, verkrampfte Schultern, fehlendes Lächeln, Arme in Körpernähe, Füsse vom Gegenüber abgewandt, auf der Stuhlkante sitzen, Fingertrommeln, auf die Uhr schauen, Fussel von der Kleidung entfernen, Stirnrunzeln, umherschweifender Blick, erhobener Zeigefinger, ums Stuhlbein gewickelte Beine

Die Körpersprache kann der ehrlichste und aufschlussreichste Ausdruck der Persönlichkeit sein. Denn es gibt keine Rückzugsmöglichkeiten für den

WER NICHT LÄCHELN KANN, SOLL KEINEN LADEN AUFMACHEN

Natürlich wirkt es banal, ans Lächeln zu erinnern. Aber warum tun es die Menschen nicht häufiger? Ein Lächeln ist die kürzeste Distanz, die es zwischen Menschen geben kann – den Kuss einmal ausgenommen. Doch gerade dann, wenn es darauf ankommt, geht es vielerorts verloren. Nicht dasjenige, das den Hotelgast erwartet, wenn er das erste Mal vor die Rezeption tritt – das ist ein professionelles Lächeln. Sondern ein Lächeln dann, wenn man sich in einer Situation unwohl und fremd fühlt. Beispiel: beim Betreten eines Sitzungszimmers, in dem man niemanden kennt. Da ist Nichtlächeln eher ein Zeichen von Unsicherheit als von Unfreundlichkeit. Und: Lachfalten haben jedenfalls mehr Charme als Zornesfalten, sind Sie da auf einer Linie? ■

Körper, während Worte reine Absichtserklärungen sein können. Pokerspieler versuchen mit starrem Gesicht zu verhindern, dass ihre Mimik verrät, welche Karten sie in der Hand halten.

08/15 sticht nicht

Es gibt jedoch ein grosses Fragezeichen bezüglich der Aussagekraft von Körpersignalen zu setzen! Wer nonverbale Aussagen interpretiert, ohne die jeweilige Situation und andere Hintergrundinformationen zu berücksichtigen, wird oft falsch urteilen. Es öffnet sich hier denn auch ein weites Feld für Scharlatanerie und oberflächliche Ratschläge: «10 Signale beim Bewerbungsgespräch, die Sie verraten!» So einfach ist die Sache nicht, und herumgereichte Dechiffrierlisten sind vielfach zu einfach gestrickt und deshalb irreführend.

Zudem: Das Risiko besteht, sich Rezepte aneignen zu wollen, die dann antrainiert und aufgesetzt wirken. Wer sich während des Kommunikationsprozesses an zu viele Ratschläge hält, läuft Gefahr, die Hauptenergie auf Dinge zu verwenden, die eigentlich von selbst stimmen. Nur eine authentische und natürliche Körpersprache macht einen glaubhaft. Es geht nicht darum, an der Mimik etc. zu arbeiten, sondern in erster Linie an der inneren Haltung – nicht das Lächeln ist zu trainieren, sondern die innere Einstellung, die zum Lächeln führt. Der Schweizer Knigge ruft in Erinnerung: Triple A plus G (siehe Seite 29).

STI(E)LAUGEN

Schon aufgefallen? Frauen neigen dazu, ihren Blick auf die Unzulänglichkeiten anderer zu richten. Männer dagegen, die Vorzüge des Gesprächspartners, der -partnerin näher in Augenschein zu nehmen. Mit beidem demonstrieren Sie schlechten Stil.

Sprechende Hände

Uns irritiert, wenn wir Amerikaner beim Essen beobachten und ihre Hände sich unter dem Tisch befinden. Wir denken instinktiv, dass sie etwas zu verbergen haben, obwohl das natürlich nicht der Fall ist – die Façon ist in den USA einfach üblich.

Im Geschäftsleben jedoch wichtig: sichtbare Hände. Wer seine Handinnenflächen zeigt, weckt beim Gegenüber Vertrauen. Also raus mit den Händen aus den Hosentaschen, liebe Leute. Halten Sie Ihre Hände sichtbar vor dem Körper im positiven Bereich oberhalb der Gürtellinie. Wurde das mit den Händen in den Hosentaschen bereits erwähnt? Dann ist ja gut.

Köperabstände

Zu viel Herumschrauben an der Körpersprache ist also eher kontraproduktiv, bewusst beeinflussen lässt sich hingegen die Distanz zum anderen: Je näher man einer Person steht, je besser man sie kennt, desto näher lässt man sie auch im räumlichen Sinn an sich heran. Unterschieden werden vier Distanzzonen:

- die intime Zone – bis 0,4 m
- die persönliche Zone – 0,4 bis 1,5 m
- die soziale Zone – 1,5 bis 4 m
- die öffentliche Zone – ab 4 m

Beispiel: In einem Lift oder auch im öffentlichen Verkehr wird immer wieder in Ihre intime Zone eingedrungen, Unbehagen ist die natürliche Reaktion darauf.

In die persönliche Zone lässt man gewöhnlich Menschen, die man gut kennt, Freunde und Bekannte – im Büro die Kolleginnen und Kollegen. Personen, zu denen man keine nähere persönliche Beziehung hat – Kunden zum Beispiel oder GL-Mitgliedern –, begegnet man in der sozialen Zone (1,5 bis 4 m), während der öffentliche Bereich den Reden, Vorlesungen und anderen asymmetrischen Kommunikationsformen vorbehalten bleibt.

AUGENBLICK BITTE: AUGENBLICKE

Was ist davon zu halten? Ob Augen nach oben oder nach unten, nach rechts oder links gerichtet sind, kann unterschiedliche Bedeutung haben:

- Blickt Ihr Gesprächspartner von Ihnen aus nach links oben, deutet das darauf hin, dass er die Antwort auf Ihre Frage eher erfindet, etwas ausschmückt oder umwandelt. Würde er versuchen, sich an etwas zu erinnern, wäre sein Blick nach rechts oben gerichtet.
- Die Augen sind mittig? Nach links gerichtet deutet dies daraufhin, dass Ihr Visavis Dinge konstruiert, die es anders gehört oder falsch abgespeichert hat. Nach rechts: Ihr Gesprächspartner hat die Aussage genau so schon einmal akustisch aufgenommen oder nimmt sie gerade wahr.
- Und nach unten gerichtete Augen? Schaut die Person dabei nach links, kann dies bedeuten, dass sie einen inneren Monolog führt. Der Blick nach rechts unten zeigt an, dass tatsächlich empfundene Gefühle oder Gedanken kommuniziert werden.

Augenbewegungen können etwas anderes ausdrücken als das Gesagte. Ein sicherer Lügendetektor ist die Methode jedoch nicht! Es braucht mehrere Indizien, die eine Vermutung untermauern. Und Lebenserfahrung.

RAUMFORSCHUNG

Auch schon angetroffen: breitbeinig dastehende Männer, womöglich noch auf den Fussballen wippend, und Frauen, die mit den Füssen eng zusammen oder mit übergeschlagenen Beinen und schmalem Oberkörper dasitzen? Die einen wollen sich grösser, die anderen unbewusst kleiner machen. Keine gute Idee, denn wer Raum beansprucht, nimmt Macht für sich in Anspruch. Stellen Sie sich diesbezüglich kein Bein!

Sie haben gut reden

Gewandtes Kommunizieren ist im Geschäftsalltag eine wichtige Fähigkeit. Viele meinen, das sei keine sehr knifflige Angelegenheit. Es brauche keine speziellen Techniken, denn alles geschehe sozusagen instinktiv.

Doch das Gegenteil ist der Fall, Gespräche bieten viele Möglichkeiten für unangemessenes Fehlverhalten. Jede und jeder hat sich schon einmal daneben benommen, an einem Kundenapéro, während einer Präsentation oder gegenüber einer Kollegin. Es sei denn, Ihnen ist das Kommunikationstalent sozusagen in die Wiege gelegt worden. Für alle Normalsterblichen gibts nachfolgend ein paar Anregungen, wie Kommunikation von Angesicht zu Angesicht, von Mund zu Mund und mit einem Publikum erfolgreich über die Bühne gehen könnte.

Small Talk – kleine Unterhaltung, grosse Kunst

Small Talk ist die Kunst, eine Konversation zu initiieren und im Fluss zu halten. Oft wird diese Kulturtechnik als oberflächlich abgetan und geniesst nicht den besten Ruf. Dabei ist ein gutes Beziehungsnetz im Betrieb, in der Branche und darüber hinaus ebenso wichtig wie der wertschätzende Umgang mit Kunden oder Vorgesetzten.

Weit über die Hälfte des beruflichen Erfolgs lässt sich auf Beziehungen und Kontakte zurückführen, das zeigen Untersuchungen von Personalvermittlungsbüros. Wirksame Bindungen und ein tragfähiges Netzwerk aufzubauen, ist heute im Berufsleben wichtig. Das gilt für den Umgang mit Kunden genauso wie für Arbeitskollegen und Branchenkolleginnen. Dabei soll es nicht nur um den eigenen Nutzen gehen, sondern auch um den für Dritte. Wer anderen hilft, ihr Netzwerk zu erweitern, wird als Folge zum Beziehungsbroker und kann so wiederum das eigene Netzwerk mit interessanten Persönlichkeiten bereichern.

Das Leitmotiv des Netzwerkens: Zuerst geben, bevor man nehmen kann. Wen wir kennen und wer uns kennt, das sind jedenfalls wichtige

Bausteine für die Karriere! Ob Ratschläge oder Stellenbesetzungen, kommunikationsoffene Menschen werden bevorzugt angegangen, das scheint klar.

Nichts hindert Sie, vom Small Talk in eine anregende und tiefschürfende Konversation zu wechseln. An einer Fachveranstaltung oder während einer Messe ist das sogar üblich, wenn Expertinnen und Experten unter sich sind. Im Allgemeinen ist es jedoch die Situation, in der das Gespräch stattfindet, die die Themen diktiert. Einseitige Privatthesen jedenfalls ermüden, ausser den Redekünstler, alle ziemlich schnell.

Themen und Techniken

Viele Leute sind der irrigen Meinung, sie müssten witzig oder tiefsinnig plaudern, und wenn ihnen dann nichts einfällt, schweigen sie. Zu Unrecht – Sie brauchen gar nicht geistreich zu sein, sondern bloss freundlich. Die Kurzformel ist simpel:

→ Small Talk = Fragen stellen + Zuhören + Lächeln

Wenn Sie den eigenen Redeanteil bei höchstens 40 Prozent halten, denkt die andere Person, Sie seien ein glänzender Unterhalter, eine liebenswürdige Gesprächspartnerin. So einfach ist das. Nichts tun Menschen lieber, als über sich selber reden.

Doch worüber soll man sich unterhalten, wenn man sich gar nicht kennt? Weit zu suchen brauchen Sie nicht. Verschiedenes bietet sich als Einstieg an, anschliessend läuft das Gespräch von allein, und mit Nachfragen können Sie den Dingen auf den Grund gehen. Oberflächlich sind dann meist nur die Langweiler.

- Wetter – dazu ist es ja da!
- Berufliche Themen wie aktuelle Trends in der Branche oder interessante Zeitungsartikel
- der Anlass, an dem man sich begegnet
- Tagesaktualität
- Kunst, Kultur, Musik
- Reisen – vergangene und geplante
- Hobbys
- aufrichtige Komplimente, aber keine der plumpen Art

So gehts weiter

Ist der Anfang gemacht, ergibt sich der Rest von allein. Fragenstellen ist dabei eine wichtige Technik; vermeiden Sie aber, dass sich das Gegenüber ausspioniert fühlt. Geben Sie auch nicht allzu viel von sich selbst preis. Denn Ziel des Small Talks ist das gegenseitige Kennenlernen und Kontaktknüpfen. Es kann daraus mehr entstehen, muss aber nicht – je nach Anlass.

Und so gehts: Blickkontakt halten, Positives und Gemeinsamkeiten herausschälen, Interesse zeigen, keine langen Monologe oder Einschätzungen der Weltlage von sich geben, geschlossene Fragen vermeiden, die sich mit Ja oder Nein beantworten lassen, und einen Abstand von 1,5 Metern zum Gegenüber halten.

Apropos: Bei Nachrichtensprechern im Fernsehen lässt sich gut beobachten, wie man elegant von einem Thema zum nächsten überleitet. Sven Epiney im Schweizer Radio und Fernsehen ist sehr gewandt darin – er benützt meist ein Stichwort des letzten Satzes, um es überleitend beim nächsten Thema wieder zu verwenden.

Off Limits

Sex, Religion und Politik sind Themen, die einen eher schlecht ins Gespräch bringen. Bei der Politik mag es noch einen gewissen Spielraum geben, aber niemand sollte anhand Ihrer Äusserungen das Parteibüchlein in Ihrer Brusttasche erahnen können. Ebenfalls für Irritationen sorgen: das Erwähnen von Krankheiten oder privaten Katastrophen (Scheidung etc.), das Lästern über Anwesende, Geld («Bei dem Champagner muss es der Firma wahrlich gut gehen.»), Prahlen, übertriebene Selbstdarstellung, die Kritik an Gastgebern oder am Essen beispielsweise. Gleiche Kategorie: firmeninterne Informationen, Insiderwissen, Lohn- und Bonusfragen oder Diskriminierendes. Das betrifft vor allem auch das nähere Arbeitsumfeld und den Schwatz mit Vorgesetzten – dort unvorsichtig in sehr persönliche Gebiete vorzustossen, könnte sich nachteilig auswirken. Wer weiss schon, wie lange die Person die Position noch einnimmt?

TABUTHEMEN INTERNATIONAL

Peinliches Schweigen auf eine gut gemeinte Frage? Nicht, wenn Sie im Ausland folgende Small-Talk-Themen tunlichst vermeiden:

- *Australien: Aborigines, Vergleich mit Neuseeland*
- *China: Politik, Pressefreiheit, Kritik am eigenen Land*
- *Japan: Kriegsvergangenheit, Vergleich mit China, Fukushima, Nein-Sagen*
- *England: Abschätziges über Monarchie oder englischen Fussball*
- *Frankreich: Basken, Vergleich mit Deutschland, internationale Wettbewerbsfähigkeit*
- *Italien: Mafia, Nord-Süd-Gefälle, Flüchtlingspolitik*
- *Deutschland: Zweiter Weltkrieg, Griechenland-Politik, Wolfgang Schäuble*
- *Skandinavien: Alkoholproblematik, Walfang, Vergleich mit anderen nordischen Ländern*
- *USA: Aussenpolitik, Fox-TV-Sender*
- *Arabische Länder: Fragen nach der Familie (vor allem nach der Frau), Terrorismus, Menschenrechtssituation*

Elegant aussteigen

How long dauert der Small Talk? Kommt auf die Situation und auf das Beziehungsverhältnis an. Ist das Gegenüber ein Kunde, sind Sie an einer After-Work-Party oder einem Weihnachtsessen? Der Zeitraum dürfte zwischen 5 und 15 Minuten liegen. Danach ist es legitim, eine andere Person oder Gruppe ins Visier zu nehmen.

Doch wie gestaltet sich ein eleganter Ausstieg? Ein Dreiphasenmodell bietet sich an:

1. **Rückblick aufs Gespräch:** «Wirklich interessant, Ihre Ausführungen …»
2. **Angebot einer Gesprächsvertiefung beim nächsten Mal:** «Das müssen Sie mir bei nächster Gelegenheit noch ausführlicher erklären!»
3. **Sich bedanken:** «Danke für das interessante Gespräch! Hoffentlich bis bald.»

Und die Notlösung? Ein Gang zur Toilette (oder Buffet, so vorhanden) oder der Hinweis auf eine andere Person. Am besten, der Grund wird jeweils mitgeteilt, sodass der Abgang plausibel scheint.

DER RADARBLICK

Das erlebt man immer wieder: Sie sind beim Geschäftsapéro im Gespräch mit jemandem, und diese Person blickt statt auf Sie unentwegt im Raum herum – wohl, um andere Gesprächspartner auszumachen. Interessantere natürlich, attraktivere, wichtigere, als Sie es sind. In einem solchen Fall sollte man sich nicht beirren lassen, aber das Spiel auch nicht mitmachen, sondern sich so schnell wie möglich elegant verabschieden. Nicht untertauchen: Wenn es sich um einen Key-Account unter Ihren Geschäftskontakten handelt!

Die Kunst des Kompliments

Im Geschäftsleben macht dieser Satz noch immer Karriere: Die Abwesenheit von Kritik ist Anerkennung genug! Dabei wäre Lob ein mächtiges Instrument, um Menschen zu motivieren und ihr Verhalten positiv zu beeinflussen. Ist es denn so schwierig, den richtigen Zeitpunkt, den Anlass und das geeignete Mass zu finden? Es scheint so! Sicher richtig die Unterscheidung: Lob ist eine spontane wertschätzende Bemerkung, während Anerkennung eine Haltung ist.

Fehlen positive Rückmeldungen, kann das etwa für Mitarbeitende jedenfalls sehr frustrierend und demotivierend sein. Der Virgin-Gründer Richard Branson hat einmal gesagt: «Ich habe immer daran geglaubt, dass die Art, wie man seine Mitarbeiter behandelt, auch die Art ist, wie diese später Kunden behandeln, und dass die Menschen aufblühen, wenn man sie lobt.» Damit ein Kompliment das Herz des anderen wirklich berührt, muss es drei Bedingungen erfüllen:

1. **Lob muss ehrlich sein:** Wichtig ist, bei den Tatsachen zu bleiben und weder zu übertreiben noch herunterzuspielen. Lob sollte auch nicht übermässig häufig vorgebracht werden, sonst verpufft die Wirkung.
2. **Lob muss emotional sein:** Gefühle wirken stärker als Argumente. Wichtig auch: Die anerkennenden Worte dürfen nicht mit Einschränkungen versehen sein.
3. **Lob muss konkret sein:** Die Aussage sollte auf eine bestimmte Handlung oder Situation bezogen sein. Je spezifischer der Erfolg geschildert wird, desto nachhaltiger die Relevanz.

Und wie zeigt man Anerkennung? Wenn mit Lob eine spontane Wertschätzung gemeint ist und Anerkennung eher eine Haltung ausdrückt, so kennzeichnet Letztere, dass

- **Dankbarkeit gezeigt wird.** Anerkennen, dass ein echter Beitrag zum Wohl vieler geleistet wird – und dass das nicht selbstverständlich ist.
- **Interesse zum Ausdruck kommt.** Interesse daran, was der oder die andere macht und erreichen will. Dazu gehört auch Nachfragen. Nichts wirkt stärker.
- **Wertschätzung an den Tag gelegt wird.** Nicht nur ein Schulterklopfen gehört dazu, sondern auch, dass die Bedeutung des Beitrags gewürdigt wird. Das baut auf und weckt Enthusiasmus.
- **um Rat gefragt wird.** Das ist die subtilste Form der Anerkennung, weil die gefragte Person auf eine höhere Stufe gestellt wird.
- **damit Überraschung verbunden ist.** Menschen, die Überdurchschnittliches leisten, sind Anerkennung gewohnt. Sie deshalb mit etwas Unerwartetem zu überraschen, wird sie beflügeln: ein arbeitsfreier Tag morgen, ein bezahltes Abendessen zu zweit. Das ermuntert zusätzlich.

Merke: Das Klopfen auf die Schulter geschieht nur ein paar Rückenwirbel über dem Tritt ins Steissbein – hinsichtlich der Effizienz ist es diesem jedoch weit überlegen.

Nach zehn Minuten ist es vorbei: die Präsentation

Es kann jeden treffen. Nichts Grosses, nur ein paar freundliche Worte am Jahresabschlussessen mit der Firma. Eine scheidende Mitarbeiterin würdigen oder die Resultate der Projektgruppe präsentieren. Mehr wirklich nicht: «Sie können ja sonst so gut reden!» Doch auch das ist ein Abenteuer. Davor haben Menschen mehr Angst als vor dem Tod. Auch Mächtige, Berufspolitikerinnen und Schauspieler. Auch die Profis. Denn: Vor Leuten gut reden ist eine Kunst, Künstler jedoch sind die wenigsten. Also ist Handwerk gefragt.

Am Anfang steht die Idee

Bei der Präsentation der Projektarbeit ist ein grosser Teil des Inhalts gegeben. Trotzdem braucht es fürs Wie auch hier Ideen und die fallen bekanntlich nicht vom Himmel. Tragen Sie deshalb alles zusammen, was Sie zu Ihrem Thema – oder zur Person, die Sie würdigen – finden können. Gibt es Anekdoten, Schlüsselereignisse, Erfolge, überwundene Schwierigkeiten, besondere Qualitäten, Highlights? Schreiben Sie alles in Stichworten auf, ohne Ordnung, einfach so, wie es Ihnen einfällt. Denken Sie zu diesem Zeitpunkt nicht an die fertige Rede: Sie machen jetzt ein Brainstorming mit sich selbst.

Wichtig allerdings: Beginnen Sie früh genug mit diesem Sammeln. Und denken Sie dabei nicht nur an Vergangenes, sondern formulieren Sie auch Wünsche für die Zukunft, Erwartungen, eventuell sogar Ziele.

Ihre Position

Jetzt überlegen Sie sich, welche Rolle Sie einnehmen werden: Was erwarten die Zuhörer von Ihnen, was ist Ihre Aufgabe? Sind Sie Teil eines Teams und präsentieren gemeinsam Erarbeitetes? Oder Vorgesetzte, die ihren Mitarbeitenden gegenübertritt? Vergegenwärtigen Sie sich die Situation ganz konkret, gehen Sie wenn möglich sogar an den realen Ort. Finden Sie positive Gedanken dazu. Und: Eine Rede wird selten länger als zehn Minuten dauern. Es gibt ein Leben danach. Versuchen Sie deshalb, das Publikum als Ihren Verbündeten zu sehen, nicht als Ihren Gegner. Sehen Sie dem Anlass mit Zuversicht entgegen. Prägen Sie sich Ihre Rolle ein.

BUCHTIPP
Patrick Rohr: **Reden wie ein Profi. Selbstsicher auftreten – im Beruf, privat, in der Öffentlichkeit.** Wie sie auch grössere Reden perfekt vorbereiten, jedes Publikum gewinnen und das Lampenfieber in den Griff kriegen, das alles erfahren Sie in diesem Beobachter-Ratgeber
www.beobachter.ch/buchshop

Manuskript, Redekarten oder gar nichts?

Wenn Sie keine Übung im Redenhalten haben, formulieren Sie Ihre Ansprache jetzt aus. Verwenden Sie kurze Sätze, es geht nicht um einen brillanten Essay: Schreiben Sie so, wie Sie sprechen würden, keine Schachtelsätze und keine abgehobenen Gedankenflüge. Schreiben Sie in Bildern: Ein «zartes Rindssteak» macht hungriger als ein «Fleischgericht».

Jetzt ist der Zeitpunkt, die vorher wirr notierten Ideen zu ordnen. Finden Sie ein Leitmotiv? Geübtere Redner notieren sich die einzelnen Ideen in Stichworten auf Karten, um nachher mehr oder weniger frei zu sprechen – in der richtigen Gliederung. Jede Rede braucht eine Einleitung, einen Hauptteil und einen Schluss.

- Ein packender, origineller **Einstieg** ist die halbe Miete. Verzichten Sie auf Abgedroschenes – etwa bei einer Präsentation: «Vielen Dank, dass Sie uns eingeladen haben, Ihnen unsere Ideen vorzustellen.» Starten Sie eventuell mit einer Frage ans Publikum oder einer Abstimmung. Einer provokanten These. Mit etwas Überraschendem und Unerwartetem. Brechen Sie gängige Erwartungen, denken Sie frech! Sie werden das Publikum sofort auf Ihrer Seite haben, und es wird Ihnen bei der nachfolgenden Auflösung gebannt folgen.
- **Hauptteil:** Ist der Einstieg geschafft, mäandern Sie dem roten Faden Ihrer Aussage nach. Es kommt gut. Das Publikum liebt Sie, weil Sie das Publikum lieben.
- **Schluss:** Bemühen Sie sich, dass auch dieser ein prägnanter wird. Er und die Hauptthese, die Sie zu Beginn vorgestellt haben, bleiben am meisten in Erinnerung.

Jetzt gehts ans Reden

Ist die Rede geschrieben – als Manuskript oder auf Karteikarten –, üben Sie das Ganze. Nicht in Gedanken, sondern laut während eines Waldspaziergangs oder vor dem Badezimmerspiegel. Korrigieren Sie das Manuskript, wenn die Sätze holpern oder die Übergänge nicht klappen. Wichtige Stichworte zeichnen Sie mit Leuchtstift an.

TIPPS FÜR PRÄSENTATIONEN

- **Retour zum Flipchart!**
  Erinnern Sie sich noch, wie Sie letzthin während einer PowerPoint-Präsentation mit dem Einschlafen kämpften? Ein Stift und ein grosses Blatt Papier sind weit unterhaltsamer als animierte Textfelder und aus dem Internet kopierte Zitate. Wenn Sie mit ein paar Strichen ein Balkendiagramm hinkritzeln, dann sind die Zuhörer weit besser eingebunden. Zudem: Inszenieren Sie das Sprechen und Zeichnen dramatisch, zögern Sie Momente der Auflösung hinaus.

- **Text-Bild-Kontrast**
  Wenn Sie PowerPoint, Prezi & Co. verwenden, dann auf intelligente Weise. Indem Sie andere als die gängigen Bilder verwenden. Heutige Werbung, die als interessant und kreativ gilt, setzt immer auf eine starke Bildsprache. Der Text dazu mag lakonisch sein, das Bild ist es nicht. Sondern im besten Fall einzigartig, noch nie gesehen und hat wenigstens einen witzigen Inhalt. Wenn Sie das Bild mit Ihrer Aussage verbinden, verankern Sie es als Aufhänger für den Inhalt in den Köpfen der Zuhörer. Beispiel aus der Werbung: Suva-Kampagnen der letzten Jahre. Zur Not geht auch ein Bild, das zumindest im Zusammenhang überraschend wirkt. Und wenn Folien, dann eine einzige Aussage pro Stück!

- **Interaktiv**
  Bauen Sie Sequenzen ein, in denen die Zuhörer sich untereinander austauschen oder eine Antwort finden müssen. Das belebt das Ganze.

- **Informationen bündeln**
  Der Mensch kann nicht mehr als sieben Informationseinheiten gleichzeitig verarbeiten. Präsentieren Sie deshalb kurz und prägnant, ohne allzu viele Detailinformationen. Das macht Ihnen und den Zuhörern das Leben einfacher. Zusatzinfos können Sie eventuell schriftlich abgeben.

- **Im Mittelpunkt**
  Weder die Technik noch der Flipchart noch die Leinwand stehen im Fokus. Sondern Sie. Und zwar im wahrsten Sinn des Wortes, denn die Geräte befinden sich seitlich von Ihnen. Wenn sie nicht benötigt werden, sind sie ausgeschaltet.

- **Technik funktioniert**
  Sonst droht Ihnen ein Kurzschluss.

Dann gilt es ernst – Sie starten mit Ihrer Rede live. Sprechen Sie langsam und natürlich, leiern Sie nicht und betonen Sie auch nicht übertrieben. Geht der Faden verloren, besteht kein Grund zur Panik. Dafür sind die Notizen oder Karten da. Klappt es trotzdem nicht, dann sagen Sie das, man wird Verständnis zeigen.

Suchen Sie Blickkontakt zum Publikum, anfangs zu Personen, die Ihnen vertraut sind, später zu allen, immer jedoch zur Kundin, zum Vorgesetzten, zum Ehrengast. Reden Sie zu Menschen, nicht zu Ihrem Manuskript.

Entscheidend ist nicht was, sondern wie man es sagt. Für uns Schweizer kommt eine besondere Schwierigkeit hinzu: Wir schreiben in einer anderen Sprache, als wir sprechen. Deshalb hört man Vorträge oft in holprigster Mundart. Es werden Zeitformen der Schriftsprache und falsche Verben verwendet oder Relativsätze gebraucht, die es im gesprochenen Idiom gar nicht gibt. Abhilfe: das Thema gut kennen, die Gedanken ordnen und sie live neu formulieren. Keine einfache Aufgabe!

DER GUTE REDNER ...

... spricht direkt zum Publikum.
... passt die Ausdrucksweise der Zuhörerschaft an.
... unterstreicht wichtige Punkte.
... variiert Tonfall und Lautstärke.
... macht Redepausen.
... unterstreicht die Worte mit passenden Gesten.
... steht nicht wie eine Statue da.
... verstärkt den Eindruck durch die Mimik.
... hat Humor.
... liebt seine Zuhörer.
... pflegt das Understatement.

Lampenfieber?

Beruhigend zu wissen: Allzu Routiniertes und Selbstgefälliges fällt schnell durch. Dann warten nämlich alle auf den ersten Rumpler und freuen sich insgeheim darüber. Man darf Ihnen ruhig etwas Nervosität anmerken, das macht Sie sympathischer. Atmen Sie tief durch, konzentrieren Sie sich auf die ersten Gesten und Worte und: Los gehts.

Sehen Sie, hat ja geklappt. Und haben Sie das zustimmende Nicken des CEO gesehen, als Sie die Ideen präsentierten? Das Schmunzeln bei Ihrem bildhaften Einstieg? Am Schluss wurde sogar auf den Tisch geklopft!

ROTEN FADEN VERLOREN?
Ein kleiner Trick, wenn Sie plötzlich nicht mehr weiter wissen: Greifen Sie zum Glas Wasser, das Sie vorher bereitgestellt haben, und nehmen Sie einen Schluck. Durch die kurze Unterbrechung findet man meist von selber wieder zum Thema zurück.

Ist die beste Sitzung gar keine Sitzung?

Als Managementwerkzeug und Kommunikationsinstrument sind Meetings sehr beliebt. Eine Binsenwahrheit in diesem Zusammenhang: sorgfältig vorbereiten – sonst drohen Produktivität und Motivation der Beteiligten unter den Tisch zu fallen. Im Mittelpunkt steht deshalb die Frage: Was soll mit dem Meeting erreicht werden? Informationen austauschen? Meinungen bilden? Konsens schaffen? Teamgeist pflegen? Aktionen abstimmen? Lösungen erarbeiten? Aufträge erteilen? Beschlüsse fassen? Nicht immer gibt es darauf befriedigende Antworten. Das Problem: Eines dieser Kriterien wird auch die sinnloseste – weil nervtötende, langweilige und zeitfressende – Sitzung, die je über die Bühne ging, erfüllt haben. Beispiel: Wurden je an einem Meeting nicht Informationen ausgetauscht? Zuerst steht also die Frage im Raum: Braucht es sie überhaupt? Gäbe es einen effizienteren Informationsaustauch, beispielsweise per E-Mail oder Telefon?

Das Thema nicht aussitzen

Ganze Bücher und Vortragsreihen wurden zum Thema verfasst. Eine Anleitung, wie Meetings besser und erfolgreicher zu planen wären, kann deshalb nicht Aufgabe dieses Buches sein. Wohl aber ein paar Gedanken über das Verhalten während dieser. Haben Sie fünf Minuten Geduld? Vielen Dank fürs Ausharren – sitzen Sie auch bequem, noch ein Glas Wasser?

- **Ist die Teilnahme Pflicht?**
  Wenn Sie auf der Teilnehmerliste stehen, dann wird das wohl von Ihnen erwartet. Eine Nachfrage, weshalb mit Ihrer Präsenz gerechnet

wird, kann gleichwohl nicht schaden, wenn Sie Zweifel haben. Der Nebeneffekt: Sie wissen schon, was auf Sie zukommt, und können sich unter Umständen besser vorbereiten. Studien zeigen übrigens, dass je weniger Teilnehmer ein Meeting hat, desto besser die Resultate pro Kopf sind.

- **Was verlangt die Sitzungsetikette?**
  Pünktlichkeit. Ausgeschaltetes Handy – wenn Sie einen dringenden Anruf erwarten: die Sitzungsleitung avisieren, Klingelton ausschalten, den Raum während des Gesprächs verlassen. Dresscode beachten – erst wenn die vorgesetzte Person oder die Kunden eine Tenue-Erleichterung initiieren, kann die Allgemeinheit nachfolgen! Stossen neue Personen dazu: sich vom Sitz erheben (auch als Frau). Keine demonstrativen Langeweilesignale wie herumkritzeln, kein Parallelgetuschel.
- **Was tun bei Querulanten, Langrednern und Hitzköpfen?**
  Eigentlich nur hoffen, dass die Sitzungsleitung das Problem erkennt und je nach Situation handelt. Eine Sitzung wird dann als lösungsorientiert empfunden, wenn die unterschiedlichen Fähigkeiten und Eigenschaften der Teilnehmerinnen und Teilnehmer berücksichtigt werden. Abschweifungen sollten unterbunden, Ansichten zusammengefasst, jedes Traktandum mit Umsetzungsplan versehen sein. Und wenn möglich sollten Entscheidungen gefällt werden.

KILLERPHRASEN

Mit einer der folgenden Phrasen, zum richtigen Zeitpunkt angewendet, bringen Sie jede Sitzung garantiert ins Stocken:

- *Wenn das ginge, hätte das schon längst jemand anderes gemacht.*
- *Darauf kommt es doch überhaupt nicht an!*
- *Was ist denn das für ein Blödsinn?*
- *Das haben wir doch schon letztes Jahr probiert!*
- *Wie doch jeder weiss, ist …*
- *An Ihrer Stelle würde ich das auch sagen.*
- *Das hat noch nie funktioniert!*
- *Das ist doch blosse Theorie!*

Replik: … sagte der Kerzengiesser zu Edison.

DER MANAGER UND DER EGOISMUS

Einst wurde die Swissair als «fliegende Bank» bezeichnet. Auch die besten Unternehmen können schwächeln und später eventuell scheitern. In vielen Fällen ist es paradoxerweise der Erfolg, der den Niedergang herbeiführt oder beschleunigt. Die Phasen dabei:

- Erfolg stärkt das Selbstvertrauen.
- Grosser Erfolg kann zu Selbstüberschätzung führen.
- Selbstüberschätzung macht Manager blind für unternehmensrelevante Veränderungen.
- Manager, die nach immer mehr Erfolg gieren, treiben die Firma zu übermässigen Leistungen an.
- Probleme und Gefahren werden als unbedeutend bezeichnet.
- Manchmal ist es dann zu spät, die Firma zu retten.

Beispiel für einen erfolgreichen Turnaround: 1997 stand Apple kurz vor dem Bankrott. Der Aufsichtsrat holte den zuvor gefeuerten Steve Jobs zurück und verlangte von ihm neue Produkte. Doch Jobs verkleinerte die Firma so, dass sie wieder zu einem Nischenplayer wurde – mit Microsoft als marktdominantem Rivalen. Er verringerte die Desktopmodelle von 15 auf eines, gab die Produktion von Druckern auf, die Softwareentwicklung wurde reduziert, die Produktion in Billiglohnländer verlagert. Damit stabilisierte Jobs das Unternehmen, er führte die alten Gründerwerte wieder ein und konzentrierte sich auf Innovation und Qualität. Bald darauf folgten iMac, iPod, iPhone, iPad und zuletzt iWatch. Apple gilt zurzeit als erfolgreichstes Unternehmen der Welt. Jim Collins, der Erforscher von Spitzenunternehmen, sagte einmal: «Die besten Führungskräfte wiegen sich nie in der Sicherheit, dass sie die Gründe für Erfolg durchschaut hätten [...] Ihr schlimmstes Laster ist der Egoismus.»

So gehts effizienter

Gute Führungskräfte lassen gute Mitarbeitende das tun, was sie am besten können. Es liegt an Ihnen, optimale Bedingungen zu schaffen.

- **1. Start**
  - Pünktlicher Beginn – auch dann, wenn sich noch nicht alle eingefunden haben
  - Motivierende Begrüssung
  - Organisatorisches, Zeitrahmen bestimmen
  - Auf die Spielregeln hinweisen und die Selbstverpflichtung aller würdigen
  - Ziele formulieren und die Reihenfolge der Themen bekannt geben
  - Bestimmen, ob und von wem ein Beschlussprotokoll geführt wird

- **2. Konsequente und bestärkende Leitung**
  - Beiträge anerkennen und würdigen
  - Keine abschweifenden Voten erlauben, sondern auf das Thema zurückführen
  - Nicht Eingeplantes vertagen
  - Unklare Aussagen präzisieren, nachfragen
  - Positives suchen und durch Anerkennung verstärken
  - Persönliche Zwistigkeiten zwischen Anwesenden vermeiden und später getrennt behandeln
  - Hinweis auf die Spielregeln, falls Einzelne sich störend verhalten
  - Wenn das gesetzte Ziel ausser Reichweite bleibt: Sitzung abbrechen und vertagen
- **3. Zusammenfassung und Schluss**
  - Wurden die Ziele erreicht oder ist die vereinbarte Zeit verstrichen, das Meeting beenden
  - Zusammenfassen: Was wurde erreicht?
  - Wer erledigt was bis wann?
  - Welche Ziele wurden nicht erreicht?
  - Wie geht es weiter?
  - Allgemeiner Dank und spezielle Erwähnung konstruktiver Mitarbeit

SCHNELLREDNER?

«Ja, aber …!» Wer zu Schnell- und Hüftschüssen bei Sitzungen neigt, soll die Fünf-Sekunden-Regel befolgen: Warten, bis die andere Person geendet hat und bis fünf zählen, erst dann antworten. In jedem Fall überzeugender als «Ja, aber …!» ist: «Das verstehe ich, und gleichzeitig …»

Gezielt argumentieren: das Jahresgespräch

Für die einen ist es eine Pflichtübung, für andere die Gelegenheit, um eine Gehaltserhöhung zu kämpfen. Beim Jahresgespräch kommen Themen wie die Zielerreichung und Zusammenarbeit, die Aufgaben, die Arbeitssituation sowie die Entwicklungsmöglichkeiten zur Sprache. Gute Vorbereitung von beiden Seiten schafft das Umfeld, in dem das Gespräch zum Dialog und nicht zu einem Verhandlungsmarathon wird.

> **BUCHTIPP**
> Lea Pelosi, Ralph Wyss:
> **Besser verhandeln im Alltag. Die wichtigsten Verhandlungstechniken richtig anwenden.** Der Ratgeber hilft, Verhandlungen richtig vorzubereiten, aktiv zu gestalten und erfolgreich zum Ziel zu führen. Mit vielen Praxisbeispielen auch aus dem Businessalltag.
> **www.beobachter.ch/buchshop**

Sich fünf Minuten vorher schnell ein paar Gedanken machen, das ist unprofessionell. Notieren Sie sich, welche Projekte Sie erfolgreich abgeschlossen, welche Verbesserungen Sie erreicht haben. Auch Erkenntnisse zu weniger gut Gelungenem sind wichtig – Ihre Vorgesetzte wird auch diese thematisieren. Dann gilt es, sachlich zu argumentieren. Schuldzuweisungen bringen Sie nicht weiter. Bestehen Sie darauf, dass die neuen Ziele messbar, aktiv beeinflussbar, realistisch und terminiert sind: Welchen Beitrag können Sie leisten, damit die Unternehmensziele erreicht werden? Das ist schriftlich festzuhalten.

Verdient Ihr Gehalt mehr Lohn?

Die gleiche Vorgehensweise ist auch angezeigt, wenn Sie während des Gesprächs um eine Lohnerhöhung nachfragen wollen. Ob das Jahresgespräch allerdings der richtige Zeitpunkt dafür ist, kommt sehr auf die Branche und das Unternehmen an. Vielerorts sind die Budgets dann schon gemacht, die Diskussion ist deshalb schon während der zweiten Jahreshälfte zu führen. In jedem Fall ist eine kluge Vorbereitung noch wichtiger! Klären Sie realistisch,

- **Ihren Leistungsausweis:** Sonderprojekte, Extraeinsätze und Ferienvertretungen, neue Ideen, die Sie umgesetzt, Ziele, die Sie übertroffen, Kunden, die Sie gebracht haben, wie und wo Sie Geld eingespart haben. Je konkreter Sie Ihre Leistungen belegen können, desto besser Ihre Karten.
- **Ihren Marktwert:** Kriterien sind: Alter, Dienstjahre, Branche, Ausbildung, Erfahrung. Im Internet gibt es Lohnrechner (zum Beispiel www.lohnrechner.bfs.admin.ch), Berufsverbände geben Empfehlungen ab, die Gewerkschaften und das Bundesamt für Statistik haben ebenfalls Zahlenmaterial. Und beim Beobachter können Sie mit Ihren Daten am aktuellen Lohnvergleich teilnehmen: www.beobachter.ch/lohnvergleich.
- **den Firmenumsatz:** Die aktuellen Geschäftszahlen und die Prognosen geben Hinweise auf die Chancen auf eine Erhöhung.
- **den Arbeitsmarkt:** Stellenportale geben Auskunft über die Nachfrage nach Mitarbeitenden mit Ihren Qualifikationen.

Zeigen Sie im Gespräch Ihre Leistungsbereitschaft und Ihre Motivation: Jammern über zu viel Arbeit, den höheren Lohn von Kollegen oder Hinweise auf die persönliche Finanzsituation sind kontraproduktiv. Ebenso: mit Kündigung drohen. Sie argumentieren ja, dass Sie gern für das Unternehmen arbeiten und ein wertvolles Teammitglied sind.

Nicht immer wird das Gespräch den erhofften Ausgang nehmen. Doch Tatsache ist: Nur in seltenen Fällen bieten Arbeitgeber ihren Angestellten von sich aus eine Lohnerhöhung an. Das müssen vor allem auch Frauen beherzigen, die die Tendenz haben, genügsamer als ihre Kollegen zu sein, und sich eher davor scheuen, ihre Qualitäten und Leistungen selbstbewusst in den Vordergrund zu setzen. Der bestbezahlte Mitarbeitende ist meist derjenige, der öfters mit dem Chef übers Gehalt spricht. Ist einfach so.

Unabhängig vom Ergebnis: Bleiben Sie sachlich und professionell. Oder bieten Sie eine neue Runde an, in der Zusatzleistungen oder neue Aufgaben besprochen werden, die den Spielraum nach oben schieben könnten. Vielleicht springen auch zusätzliche Ferientage, flexiblere Arbeitszeiten, ein Weiterbildungsangebot, ein GA oder ein grosszügiger bemessenes Spesenkonto heraus. Wenn Sie auf nächstes Jahr vertröstet werden, lassen Sie dies ebenfalls schriftlich festhalten.

LOHNSCHERE: BESTRAFTE FREUNDLICHKEIT?

Solange die Männer in der Arbeitswelt die Normen setzen und Frauen die Abweichung sind – sich also anpassen müssen –, wird sich das Einkommensgefälle zwischen den Geschlechtern nicht schliessen: Diese Denkart ist eine Form von Diskriminierung. Frauen verdienen für gleiche Arbeit nicht weniger Lohn, nur weil sie weniger Konflikte suchen und eventuell in Lohnverhandlungen konzilianter und weniger aggressiv auftreten. Sie verdienen nicht weniger Chancen, nur weil sie Kinder geboren haben. Und sie sind nicht weniger produktiv, nur weil sie Überstunden zu Hause statt im Büro machen, wo es jeder sieht.

TODSÜNDEN BEIM GEHALTSPOKER

Bestehen Sie darauf, dass mindesten einmal pro Jahr ein Mitarbeitergespräch stattfindet und dabei auch die Lohnfrage erörtert wird. Folgende Fehler sollten Sie vermeiden

- *Schlechte Vorbereitung: Argumentieren Sie mit einem akribisch erarbeiteten Leistungsausweis. Welche Aufgaben erfüllten Sie, die nicht im Jobbeschrieb standen? Was haben Sie zur Zufriedenheit aller geleistet? Was machen Sie besser als früher?*
- *Position falsch einschätzen: Bluffer werden von abgebrühten Vorgesetzten schnell ausgetrickst, bleiben Sie realistisch! Für Berufseinsteiger ist der Verhandlungsspielraum sehr klein.*
- *Fantasiepreise: Ihre Gehaltsvorstellungen müssen realistisch sein. Meist – je nach Job und Rahmenbedingungen – ist ein Plus von drei bis maximal zehn Prozent möglich. An einer neuen Stelle sind es meist 15 bis 20 Prozent mehr als der bisherige Lohn.*
- *Gehaltsvergleiche mit Kollegen: Argumentieren Sie nur mit Ihren eigenen Leistungen, Ihrem Können und Ihrer Erfahrung.*
- *Erpressungsversuche, keine Kompromissbereitschaft: Das wird als mangelnde Loyalität interpretiert und vergiftet das Arbeitsklima.*

MEHR LOHN = MEHR ZUFRIEDENHEIT?

Finanzielle Vorteile bringen einen zwar durchaus dazu, etwas zu tun, doch Motivation ist komplexer. Deshalb wird ein Unterschied zwischen zwei Faktoren gemacht:

- **Motivationsfaktoren** – wie Anerkennung, berufliche Weiterentwicklung und Verantwortung
- **Hygienefaktoren** – wie Gehalt, Arbeitsbedingungen, Beziehungen am Arbeitsplatz, Vorgesetzte und Sicherheit.

Die Erkenntnis der Wissenschaft: Die Zufriedenheit hängt von der Erfüllung der Motivationsfaktoren ab. Unzufriedenheit stellt sich jedoch ein, wenn die Hygienefaktoren schlecht geregelt sind. Firmen mit den höchsten Gehältern gehören demnach selten zu den besten Arbeitgebern. Geld ist zwar wichtig, aber Aufstiegschancen, Zufriedenheit, die Haltung des Managements, die Unternehmenskultur und das Beziehungsverhältnis motivieren am stärksten zu besserem Arbeiten.

Am Telefon: «Hallo, ich bins!»

Oder: «Guten Tag, Handelskammer Transnistrien Schweiz, Sie sprechen mit Gudrun Schmitz, was kann ich heute Gutes für Sie tun?» Beides Formulierungen, die wenig für den Businessalltag in der Schweiz taugen. Besser wäre: Firmenname, dann eigener Vor- und Nachname und Grüezi.

Werden Sie angerufen, notieren Sie gleich den Namen der Gesprächspartnerin und erwähnen Sie diesen während des Gesprächs hin und wieder, so werden Sie als besonders freundlich empfunden. Haben Sie den Namen nicht verstanden, bitten Sie um Wiederholung. Rufen Sie hingegen selber an, fragen Sie den Angerufenen, ob er ein paar Minuten Zeit hat, bevor Sie Ihr Anliegen schildern. Nennen Sie dabei eventuell das Thema, so wird die Zuordnung erleichtert.

- **Tipp 1:** Alle wichtigen Informationen liegen ausgebreitet vor Ihnen und können ohne Unterbruch konsultiert werden.
- **Tipp 2:** Sitzen Sie in gerader Haltung und lächeln Sie während des Gesprächs! Die Stimme wird durch Ersteres voller, durch Zweiteres sympathischer – ob Sies glauben oder nicht!

AUF WIEDERHÖR

Telefonieren Sie mit einem Kunden oder Vorgesetzten, wäre es unhöflich, als Erster den Hörer aufzulegen. Das könnte den Eindruck hinterlassen, das Telefonat sei lästig gewesen oder Sie seien während einer wichtigen Arbeit unterbrochen worden. Warten Sie also, bis die andere Person die Leitung kappt.

EN GUETE!

Nicht sehr angenehm für die Person am anderen Ende der Leitung: Geräusche von Kaugummis, Essen, Schnäuzen, Rauchen, Husten und Kaffeeschlürfen während des Gesprächs. Da nimmt der Schweizer Knigge den Mund nicht zu voll, einverstanden?

War da noch etwas?

Richtig, bevor es vergessen geht: das Natel, Ringelingting, Quaselfon, Mobile, Smartphone oder auf gut Neudeutsch Handy. Es scheint ja heute vor allem dann aufzufallen, wenn es nicht auffällt. Denn dieses moderne Gerät hat zweifellos die Art und Weise revolutioniert, wie und wann wir kommunizieren – von überall her nach überall hin. Das Problem dabei: Die meisten tun genau das. Die Frage ist, wo man der immerwährenden 24/7-Erreichbarkeit und dem pausenlosen Mitteilungsbedürfnis Grenzen setzt. Wenn Ihre Vorgängerinnen oder Kollegen diese immer wieder überschritten haben, wird sich die Geschäftsleitung dazu etwas überlegt und einen Handyknigge, eine Handyweisung oder Ähnliches erlassen haben. Darin könnte beispielsweise stehen:

- An Seminaren, Tagungen und Sitzungen das Gerät immer ausschalten oder wenigstens auf lautlos stellen. Sich an die Bestimmungen des Arbeitgebers zum Thema Handy-Nutzung halten. Bei erwarteten dringenden Anrufen die anderen vorher informieren, das Gerät auf lautlos und/oder Leuchtsignal einstellen. Um Verständnis für die Situation bitten. Möglichst kurz und leise sprechen. Oder den Raum verlassen.
- In einer störenden Situation wenn immer möglich einen Rückruf anbieten.
- In der Öffentlichkeit diskret über Geschäftliches reden, es könnte mitgehört werden.
- Lautsprecherfunktion nur dann aktivieren, wenn die Gesprächspartner – oder die Bürokollegen – damit einverstanden sind.

RE: SMS

S handy, das alles kan, aber nix alles darf! Im geschäftl. Umfeld jedenfalls ist eine sms nicht ein sehr geignetes info-medum. Wenn es hierarchie-unterschiede (vorgesetzte od. Kunde) gibt, lässt sich ein einsatz noch recht fertigen, wenn

- eine schnelle zwischenstandsmeld.
- kurze terminbestät. Od. fürs zuspätkommen
- eine spontane info

erforderlich. Unter kollegen ist das natürlich was anderes. Aber auch dort gilt: schlechte news oder sorrys sind per brief oder mail zu tätigen. Btw, wrude das mit der rechtscheibung scho erwähnt? Thx & cu! ;-)

- Die Rufnummer zu unterdrücken, ist zuweilen sinnvoll, kann aber auch den Eindruck erwecken, dass man etwas zu verbergen hat. Für bestimmte Berufsgruppen (Banken, Anwälte) ist es allerdings üblich.
- Businesskontakten andere Klingeltöne zuweisen als privaten Bekanntschaften.
- DJ-Antoine-Intros oder Stöhnorgien als Klingeltöne wirken sehr unprofessionell (ausser Sie sind besagter DJ in Person oder im Pornobusiness tätig).

Hat es bei Ihnen diesbezüglich jetzt geklingelt? Unhöflichkeit manifestiert sich in den verschiedensten Formen, und die heutigen Kommunikationsmittel haben die Möglichkeiten dafür um einiges erweitert.

WICHTIG!

Bitte vergessen Sie unter keinen Umständen, nach Lesungen, Kino-, Theater- oder Konzertbesuchen, Beerdigungen, und wichtigen Empfängen oder Geschäftsanlässen Ihr Handy wieder mit dem Netz zu verbinden. Sonst droht Ihnen, den Weltuntergang zu verpassen.

Die Chefin im Handgepäck?

Eine kürzlich erstellte Studie hat ergeben, dass ein Telefonanruf des Vorgesetzten der grösste Stressverursacher während der Ferien sei. Noch vor dem Bungee-Sprung, dem Streit mit der mitreisenden Partnerin oder einer Autopanne. Meeres- oder Bergbachrauschen und Handyklingeln, das will einfach nicht richtig zusammenpassen: «Hallo Herr Sklave, ich will Sie in den Ferien nicht lange stören und nur kurz wissen, ob Sie …»

Zu individuell ist allerdings das Verhältnis zwischen Arbeitgeber und Arbeitnehmer, als dass hier allgemeingültig gesagt werden könnte, ob und wann Sie erreichbar sein müssen. Ein kleiner Trick, wenn Sie das selbst bestimmen können: Geben Sie der wichtigsten Bezugsperson in der Firma die Nummer Ihrer Partnerin, Ihres Partners bekannt – für eine SOS-SMS im absoluten Notfall. Dann schalten Sie Ihr eigenes Gerät aus und widmen sich Ihren Mitmenschen im Hier und Jetzt. Klingt exotisch? Dann passt das hoffentlich zur Feriendestination, die Sie fernab vom Alltag gewählt haben.

HI PESCHE!

Peter Meier, der Vorgesetzte, und Peter Meier, der WK-Kumpan: Weisen Sie diesen Namen verschiedene Klingeltöne zu und unterscheiden Sie sie in Ihrem Smartphone-Adressbuch mit Klammern und Funktion. Das vermeidet unliebsame Verwechslungen bei Anrufen. Obwohl Sie mit beiden wahrscheinlich schon auf die eine oder andere Art Schweine gehütet haben!

Siracher (laut), Esel (stur) und Leberwürste (beleidigt)

Arbeitsplätze sind Mikrokosmen mit eigenen Kulturen, Regeln und Ritualen. Zwischen Konferenzraum, Kaffeemaschine und Kopierer gibt es auch viel Stoff für Zoff. Während man im Privaten die Freunde und den Lebenspartner auswählen kann, ist das beim Job nicht möglich. Jedenfalls nicht immer. Aber schön der Reihe nach.

Jean-Paul Sartre hat einmal gesagt: «Die Hölle, das sind die anderen.» Und tatsächlich – liesse man uns einfach unsere Arbeit machen, gäbe es keine Konflikte. Denn wir selber mögen uns im Grossen und Ganzen, haben eine professionelle Einstellung und wissen, wie man den Job zur Zufriedenheit aller erledigt. Und dann schreit der Kollege in Volllautstärke durchs Büro: «Dä FCB isch Meischter, olé, olé, olé!» Soll jemand unter diesen Bedingungen arbeiten können? Ja, er soll. Und vor allem: er muss.

IQ VERSUS EQ?

Mitte der Neunzigerjahre veröffentlichte der Amerikaner Daniel Goleman sein Buch «EQ. Emotionale Intelligenz». Darin hat er den herkömmlichen Intelligenzbegriff, der mathematische und verbale Fähigkeiten in den Vordergrund stellt, um emotionale Komponenten erweitert. Die Rede ist von den sogenannten Soft Skills. Dazu gehören die Fähigkeiten,

- die eigenen Gefühle zu erkennen und zu verstehen,
- die eigenen Impulse und Gefühle zu steuern,
- Ziele energisch zu verfolgen,
- die Gefühle anderer Menschen zu verstehen,
- Beziehungen zu knüpfen und zu erhalten.

Emotionale Intelligenz ist wohl ein Schlüsselfaktor für Erfolg. Laut Goleman kann eine Führungskraft über noch so viel Energie, Ideen, Logik, Wahrnehmungsfähigkeit und Qualifikation verfügen – ohne EQ ist sie ineffektiv und nicht fähig, andere mitzureissen. Das Buch vermag viele Aspekte auch des heutigen Berufslebens in ein neues Licht zu rücken.

Kleines Stilbrevier fürs Büro

Was der einen Person ganz normal erscheint, das kann die andere kaum ertragen. Je mehr Leute zusammenarbeiten und je grösser der Raum, desto wichtiger wird die Rücksichtnahme der einzelnen Protagonisten. Beispiele: Die Kollegin knallt regelmässig die Schublade zu, wenn sie ein Dossier herausholt. Der Sachbearbeiter nebenan räuspert sich alle 30

Sekunden, den ganzen Tag lang. Das kann nerven, die Arbeitskonzentration nachhaltig stören und führt zu Ressentiments. Meist sind solche Marotten der verursachenden Person gar nicht bewusst, und deshalb kann es viel bringen, wenn ein beiläufiges Gespräch die Dinge klärt. Vermeiden Sie dabei Schuldzuweisungen, sondern erläutern Sie aus Ihrer Perspektive: «Ich kann mich schlecht konzentrieren, wenn ...»

Ob in einer Ateliergemeinschaft oder im Grossraumbüro: Die Harmonie am Arbeitsplatz ist ebenfalls gestört, wenn im Kühlschrank Joghurts vor sich hinschimmeln und im Waschtrog sich das Geschirr stapelt. Folgende Regeln haben 60-Stunden-Arbeitswochen, Morgen-ist-wichtiger-Präsentationstermin und Nach-mir-die-Sintflut überstanden:

- Am Pult werden keine stark riechenden und schmierigen Speisen gegessen. Kleine Snacks sind davon natürlich ausgenommen. Asiennudeln hingegen nicht.
- Abends räumen alle Mitarbeiterinnen und Mitarbeiter ihren Schreibtisch auf.
- Am Telefon wird so leise wie möglich gesprochen. Für längere Gespräche woanders hingehen. Das gilt auch für dringende Privatanrufe (Firmenpolitik beachten!).
- Ausgedrucktes wird unverzüglich vom Drucker geholt. Grössere Aufträge werden möglichst zu Randzeiten gemacht, wenn weniger Kollegen anwesend sind – oder die anderen werden vorgewarnt.
- Die Fensterfrage – offen oder zu – sollte gemeinsam erörtert und abschliessend geklärt sein.
- Keine Diskussionen über grössere Distanzen hinweg, wenn andere dadurch gestört würden. Besser man setzt sich zusammen und bespricht die Sache leise.
- Die Kaffeeküche, der Pausenraum wird so hinterlassen, wie man den Ort selber antreffen möchte.
- Der Handyklingelton ist auf «Es-gibt-noch-andere-Leute-im-Raum» eingestellt.
- Wenn etwas kurzfristig fehlt, bedient man sich nicht ungefragt beim Nachbarn.
- Stört Sie ein Verhalten, das unter Umständen auch andere beeinträchtigt, teilen Sie dies dem Verursacher, der Urheberin mit. Besser, Sie klären die Dinge, als dass Sie sich ständig darüber aufregen – und Ihrerseits unangenehm werden.

- Übertreiben Sie es nicht mit persönlichen Deko-Gegenständen am Arbeitsplatz. Die süssen Hasenohren am PC finden nicht alle lustig.
- Wer für einige Zeit nicht gestört werden will, signalisiert dies den anderen. Zum Beispiel mit einem roten Fähnchen, das gut sichtbar auf dem Pult steht.
- Es kann legitim sein, sich vor Lärm mit Ohrenpfropfen oder Kopfhörern zu schützen. Eventuell kann darin auch Musik erklingen, wenn das im Betrieb erlaubt ist. Den ganzen Tag sollte dies aber nicht sein, das würde als Abschottung empfunden. Dann müssten Sie andere Lösungen finden.
- Wer an einer ansteckenden Krankheit leidet, bleibt zu Hause – auch wenn die Arbeit noch so drängt.
- Por-no! Tinder, privates Facebook, Snapchat & Konsorten ebenso.

Eine Glace für alle oder ein Kuchen: Darüber freuen sich die Kollegen und Kolleginnen, das sorgt für ein entspanntes Miteinander.

WIN-WIN STATT KOMPROMISS

Setzen Sie sich dort durch, wo es notwendig ist. Geben Sie nach, wo sich der Aufwand nicht lohnt. Es gibt allerdings noch andere Möglichkeiten: Zum Beispiel eine Lösung finden, die gar nichts mit den jeweiligen Ausgangspositionen zu tun hat, weil etwas Neues geschaffen wird. Der Vorteil: Beide Seiten fühlen sich als Gewinner. Wenn Sie mehr über das Win-win-Modell erfahren möchten, suchen Sie im Internet unter den Begriffen «harvard, win-win verhandlungsprinzip».

Eine Frage der (Respekts-)Haltung

Ihr Respekt gegenüber anderen und Ihre guten Manieren sind Ihre wichtigsten Verbündeten im Umgang mit Chefinnen, Untergebenen und Arbeitskollegen, aber auch mit Kunden und Lieferantinnen. Und wenn Sie jetzt sagen: «Schön und gut, aber Sie kennen den Abderhalden nicht. Dem ist mit Höflichkeit nicht beizukommen, der ist ein Machiavelli auf Acid!», dann ist das trotzdem so. Denn Nebenmann Abderhalden hat sich sein Verhalten seit seiner Kindheit antrainiert und offenbar subjektiv gute Erfahrungen damit gemacht. Ihn mit seinen eigenen Waffen schlagen zu wollen, wird höchstwahrscheinlich nicht zum Erfolg führen. Er ist darin geübter als Sie! Besser, Sie respektieren ihn für das, wer er ist, und demonstrieren ihm gleichzeitig, dass Sie sich nicht auf seine Art oder Vorgehensweise einlassen werden.

Die beste Art, solchen Menschen beizukommen, ist, ihnen mit Höflichkeit zu begegnen. Verbreitet Kollegin X Unwahrheiten über Sie? Sprechen Sie sie direkt an und stellen Sie die Dinge richtig – freundlich, aber bestimmt! Kritisiert Kollege Z Ihre Arbeitsleistung während eines Meetings? Danken Sie ihm für seine persönliche Sicht und weisen Sie ihn darauf hin, dass es noch andere Meinungen gibt und dass er sich, hätte er davon Kenntnis, anders verhalten würde. Wichtig: Sie lassen sich nicht auf die Bedingungen ein, die diese Personen ihrer Umwelt aufzwingt. Gute Vorgesetzte erkennen solche Persönlichkeiten und weisen sie wenn nötig in die Schranken.

Es wird immer wieder Situationen geben, in denen andere Sie im besten Fall irritieren und im schlechtesten derart nerven, dass Sie am liebsten den Job quittieren würden. Tipp: Durchatmen und bis zehn zählen. Und sich danach eine Strategie zurechtdenken, wie dieser Person beizukommen ist.

Argumentieren mit dem 5-Phasen-Modell

Sie wollen Ihren Standpunkt zwar durchsetzen, dies jedoch in möglichst grossem Einvernehmen mit der anderen Seite. Eine gute Möglichkeit bietet das 5-Phasen-Modell.

1. «Danke, dass Sie diesen wichtigen Punkt aufs Tapet bringen!»
→ Wertschätzung zeigen.

2. «Ich kann gut nachvollziehen, wenn Sie sagen, dass …»
→ Bestätigung geben, dass verstanden wurde, Vertrauen schaffen.

3. «Trotzdem bin ich anderer Meinung, weil nämlich ...»
   → eigene Argumente beim Gegenüber platzieren.
4. «Beim Gewichten aller Argumente zeigt sich deshalb, dass ...»
   → den objektiven Nutzen aufzeigen.
5. «Wollen wir uns aus diesen Gründen darauf verständigen, folgendermassen zu verfahren ...»
   → Übereinkunft erzielen.

Wirklich wichtig ist dabei, dass Sie die Meinung Ihres Gegenübers ernst nehmen und ihm nicht das Gefühl geben, abgekanzelt zu werden.

Umgang mit Vorgesetzten

Mit der Chefin, dem Chef gut auskommen, liegt im vitalsten Interesse jedes und jeder Angestellten. Die Beziehung kann dabei nur so gut sein, wie es die Kommunikation zwischen beiden Seiten ist. Meist ist dieser Austausch von sachlichen Inhalten bestimmt: Der Vorgesetzte gibt Anweisungen und Informationen für das Erledigen der gestellten Aufgaben. Mitarbeitende wiederum wenden sich an die Chefin, wenn sie Zusätzliches wissen müssen oder sich mit Problemen konfrontiert sehen, für die sie Hilfe benötigen. Darüber hinaus ist es wichtig, Vorgesetzte kontinuierlich über den Stand der Dinge auf dem Laufenden zu halten. Sie auch unaufgefordert rechtzeitig und umfassend mit Informationen zu beliefern.

Deshalb sollte ein wichtiges Gespräch nicht im Vorbeigehen geführt werden, sondern es wird dafür ein Termin vereinbart. Hören Sie aufmerksam

zu, unterbrechen Sie die Ausführungen Ihres Gegenübers nicht und bleiben Sie sachlich. Mit Vorteil bringen Sie einen Lösungsvorschlag mit, der das Problem beheben könnte. Seien Sie konstruktiv und verzetteln Sie sich nicht in Details. So wirken Sie professionell und lösungsorientiert.

GUTE CHEFS …

… sind Kommunikationstalente und wissen, wie sie den Mitarbeiterinnen und Mitarbeitern das Gefühl geben, geschätzt zu sein:

- *Sie führen informelle Gespräche. Ohne Absicht oder konkretes Ziel. Einfach so. Während ein paar Minuten. Über Alltagsthemen oder darüber, was gerade ansteht.*
- *Sie halten langen Augenkontakt. Ohne Starren, einfach ein paar Sekundenbruchteile länger als üblich.*
- *Sie schaffen eine entspannte Atmosphäre, sind neugierig und lassen eine Eins auch mal gerade stehen. In Meetings oder Gesprächen wird nicht sofort ins Sachthema eingestiegen, sondern es gibt einen Warm-up (Small-Talk, siehe Seite 96), der die Stimmung lockert.*
- *Sie strahlen Leute an und können herzhaft lachen. Über eine Situation, ein Verhalten. Ohne dabei ironisch, sarkastisch oder zynisch zu sein. Auch über sich selber lachen ist eine Fähigkeit.*
- *Sie anerkennen und loben – mehr dazu auf Seite 100.*

Umgang mit Kollegen

Mit guten Umgangsformen lässt sich am Arbeitsplatz ein Klima der Wertschätzung und Anerkennung schaffen. Vor allem dann, wenn persönliche Sympathien und Antipathien ausgeklammert werden und der Ton ein höflicher und angenehmer ist.

Tratsch und Lästereien gehören nicht zu diesem Klima. Längere Privatgespräche sind eher in der Mittagspause als am Arbeitsplatz zu führen. Selbst wenn sie harmloser Natur sind: Sie könnten zu Vermutungen und Eifersüchteleien führen. Respektieren Sie auch die Privatsphäre von anderen und unterbrechen Sie ihre Arbeit nicht unnötig. Wenn Sie etwas stört, sagen Sie das freundlich und unter vier Augen. Bedanken Sie sich danach für die kooperative Haltung.

ICH-BOTSCHAFTEN, DIE GAR KEINE SIND

«Ich habe mich extrem geärgert, als du die Mail des Kunden nicht an mich weitergeleitet hast», ist eine Schuldzuweisung. Darauf wird meist mit Abwehr und Gegenvorwürfen reagiert. Ich-Botschaften dagegen sollen ein konstruktives Element enthalten, indem sie die Wirkung auf einen selber in den Vordergrund stellen: «Ich hätte anders reagiert, wenn ich von der Mail des Kunden gewusst hätte!»

Wenn es harzt

Schwierige Kolleginnen und mühsame Chefs haben viele Gesichter. Auch wenn Störungen und Konflikte zum Arbeitsleben gehören, an der Tagesordnung sollten sie nicht sein. Zuweilen können sie allerdings auch ein Problem aus der Welt schaffen und sich produktiv auf den Arbeitsprozess auswirken. Ursachen für Konflikte gibt es viele, es können Kommunikationsprobleme dahinter stecken, Zielkonflikte, Autoritätsprobleme, Arbeitsweisen, und selbstredend spielen auch persönliche Abneigungen eine Rolle.

Was lässt sich tun, damit es weniger knirscht im Business-Alltag? Der Schweizer Knigge hat sich ein paar Gedanken gemacht, wie das auf einer persönlichen Ebene angepackt werden könnte:

- **Signale nicht ignorieren:** Unstimmigkeiten können sich hochschaukeln bis keine sachliche Diskussion mehr möglich ist. Das gilt es schon im Ansatz zu verhindern.
- **Interessen erkennen:** Entwickeln Sie Verständnis für die Position Ihres Gegenübers. Mit Interessen sind die oft verborgenen Beweggründe hinter den Positionen gemeint. Dazu eignen sich Fragen: Warum? Warum nicht? Überprüfen Sie Ihre Einstellung und machen Sie sich frei von (Vor-)Urteilen, Unterstellungen, Annahmen und Vorwürfen. Vermeiden Sie Angriffe, zeigen Sie Einfühlungsvermögen.
- **Ich-Botschaften senden:** Ich-Formulierungen verhindern, dass Ihr Gesprächspartner sich angegriffen fühlt. Artikulieren Sie neutral, was passiert ist und wie Sie es empfinden. Erst dann beschreiben Sie, was Sie sich in Zukunft wünschen. Damit eröffnet sich eine Wahlmöglichkeit.
- **Aktiv zuhören:** Signalisieren Sie Verständnis und sorgen Sie für ein offenes Gesprächsklima. Kopfnicken und Augenkontakt sind Zeichen dafür, dass Sie wirklich zuhören. Wiederholen Sie die Aussage des anderen in Ihren eigenen Worten. So fühlt er oder sie sich verstanden.
- **Sich souverän verhalten:** Lassen Sie sich nicht durch aggressives Verhalten provozieren. Suchen Sie gemeinsame Ziele, indem Sie die guten Absichten hinter dem Gesagten herausfiltern und aussprechen. Erwähnen Sie, dass Sie froh sind, vom Problem erfahren zu haben.
- **Respektvoll kommunizieren und Grenzen ziehen:** Schweigen, Abblocken, Leugnen oder hitzige Du-Botschaften tragen nicht zu einer tragfähigen Lösung bei. Sie müssen aber auch nicht alles schlucken. Wenn Gesprächsregeln im Strudel der Gefühle missachtet werden, darf man auf Sachlichkeit beharren – freundlich und respektvoll.
- **Vergangenes ruhen lassen:** Nachdem Sie am Anfang des Gesprächs ruhig und sachlich die Probleme vorgestellt haben, wenden Sie sich der Zukunft zu. Sammeln Sie gemeinsam Alternativen für künftiges Verhalten, ohne die Vorschläge des Gegenübers sofort zu kommentieren.

- **Allseitige Lösung finden:** Wer konziliant gegenüber dem anderen auftritt, aber gleichzeitig hart in der Sache bleibt, hat beste Chancen, eine taugliche Lösung zu finden. Beide Seiten sollten am Schluss zufrieden sein. Sprechen Sie dies an, das eröffnet Perspektiven und zeigt eine offene Haltung.
- **Hilfe holen:** Wenn sich kein Ausweg abzeichnet, müssen Dritte hinzugezogen werden: Vorgesetzte, das HR oder eine externe Mediationsstelle.

Konkret konziliant

Vieles hängt davon ab, welche Einstellung Sie mit an den Arbeitsplatz bringen. Wenn Sie zwischen Privatperson und Berufsfrau, Berufsmann unterscheiden, zwischen Sach- und Personenproblemen differenzieren, eine professionelle innere Einstellung entwickeln, dann entstehen weniger Probleme.

Klären Sie, welche Erwartungen die Firma an Sie stellt. Welche Leistung, welches Verhalten, welche Einstellung, welche Berufskleider werden von Ihnen gewünscht? Mit diesen Informationen lässt sich ein Profil mit einem bestimmten Rollenbewusstsein erstellen, das sich von der Privatperson unterscheidet. Schlüpfen Sie bei Arbeitsbeginn in diese Rolle – ohne Theater zu spielen oder sich zu verstellen. Nehmen Sie sich von aussen wahr; persönliche Befindlichkeiten und rigide Wertvorstellungen bleiben am Firmeneingang zurück.

Respektieren Sie Kollegen, ihre Mödeli, Ecken und Kanten. Behandeln Sie sie mit Höflichkeit, Grossherzigkeit und Sympathie. Statt Freundschaften pflegen Sie Kollegialität. Wahren Sie eine gewisse professionelle Distanz, ohne kalt und berechnend zu wirken.

Ihr Chef ist Ihr Chef ist Ihr Chef. Es ist nicht an Ihnen, über seine Qualitäten zu richten, sondern damit klarzukommen. Finden Sie eine adäquate Einstellung. Er hat das letzte Wort. Helfen Sie bei der Entscheidungsfindung – und wenn er anders entscheidet, dann ist das so. Und Sie tragen den Entscheid vorbehaltlos mit! Wenn Sie nicht mehr dahinterstehen können, ziehen Sie die Konsequenzen.

Nehmen Sie Kritik Ihrer Vorgesetzten ernst. Es ist die Pflicht von Chefs, Leistung und Verhalten ihrer Untergebenen zu beobachten, zu kontrollieren und zu beurteilen. Gehen Sie mit solchen Rückmeldungen seriös und selbstkritisch um. Wahrscheinlich besteht Handlungsbedarf.

Kollegen behandeln Sie egalitär. Erheben Sie sich nicht über sie, kritisieren Sie sie nicht vor anderen. Statt Konflikt suchen Sie Konsens.

PROBLEM NR. 14,87

Wenn Sie Konfliktpunkte nicht zur Sprache bringen, schaukeln sich die Probleme hoch und irgendwann beim Fall Nr. 14,87 platzt Ihnen der Kragen. Dann wird man Ihnen vermutlich vorhalten, Sie würden eine Überreaktion an den Tag legen – im konkreten Fall wahrscheinlich zu Recht! Vermeiden Sie Ressentiments, indem Sie es gar nicht so weit kommen lassen, sondern die Dinge frühzeitig bereinigen!

SCHIKANEN DER ÜBELSTEN ART: MOBBING

Mit Mobbing werden unfaire Verhaltensweisen bezeichnet, die absichtlich, wiederholt, systematisch und über einen längeren Zeitraum gegen bestimmte Personen oder Gruppen gerichtet sind. Die Betroffenen empfinden solche Schikanen als demütigend und verletzend. Meist wissen sie nicht, wie darauf zu reagieren ist. Der ständige Kleinkrieg zerstört ihr Selbstwertgefühl und gefährdet in der Folge auch ihre Gesundheit. Mobbing kann verschiedene Ursachen haben:

- Mangelnde Strukturen: Keine klaren Pflichtenhefte, keine eindeutige Kompetenzenverteilung – es wird gerangelt und um Positionen gekämpft.
- Leistungs- und Kostenspardruck: Die Mitarbeitenden wollen sich auf die Gewinnerseite stellen. Veränderungsprozesse (Fusionen, Chefwechsel, Umstrukturierungen) werden schlecht kommuniziert und umgesetzt.
- Neid und Eifersucht: Es wird um die Gunst der Chefs und um Beförderungen gefightet.
- Inkompetente und unsichere Vorgesetzte: Vorgesetzte, die sich zum Beispiel von dynamischen Mitarbeitenden bedroht fühlen, können mit Tyrannisieren reagieren.
- Negatives Leistungsverständnis: Statt sich selber anzustrengen, diskreditieren Mobber lieber andere.

Wie ist auf solche Gemeinheiten zu reagieren? Obwohl die Versuchung gross ist, zurückzuschlagen und den Gegner ebenfalls anzugreifen, ist das keine Erfolg versprechende Strategie, sagt die Wissenschaft. Auch nicht gut: den Konflikten ausweichen oder sie ignorieren. Besser ist, eine Aussprache zu suchen. Sachlich, höflich und wenn möglich versöhnlich. Wenn das nicht zu Verhaltensänderungen führt, Vorgesetzte oder das HR beiziehen oder eine Rechtsberatungsstelle aufsuchen. Ausführlichere Informationen finden Betroffene wie auch Vorgesetzte im Beobachter-Ratgeber «Mobbing – so nicht. Wie Sie sich gegen Schikanen am Arbeitsplatz wehren».

Sexuelle Belästigung am Arbeitsplatz

Auf den ersten Blick scheinen die Grenzen zwischen harmlosem Flirt, kollegialem Umgang und sexueller Belästigung fliessend zu sein: «Man darf doch auch einmal einen Witz etwas unter der Gürtellinie machen, das muss doch drin liegen, etwa nicht?» Doch eigentlich gibt es eine einfache Regel: Nicht die Absicht der agierenden Person ist ausschlaggebend, sondern die Art, wie die betroffene Person das Gesagte aufnimmt. Natürlich wird alles von verschiedenen Personen unterschiedlich wahrgenommen. Eine einheitlich gültige Toleranzgrenze festzulegen, ist deshalb schwierig. Ins verbotene Repertoire gehören aber auf jeden Fall abwertende Sprüche, aufdringliche Blicke, unerwünschte Körperkontakte, obszöne Gesten, Anmache und Nacktbilder.

Mehr als die Hälfte aller Männer und Frauen kommen während ihres Erwerbslebens direkt oder indirekt in Berührung mit diesem Ärgernis. In der Schweiz. Dabei verbieten Arbeitsrecht und Strafgesetzbuch sexuelle Belästigung nachdrücklich.

Wenn es Ihnen passiert

Betroffene fühlen sich meist hilflos und beschämt. Und wissen oft nicht, wie sie sich wehren sollen. Hier einige mögliche Wege:

- **Grenzen ziehen:** Machen Sie unmissverständlich klar, was okay ist und was nicht mehr. Notfalls müssen Sie mit Konsequenzen drohen, falls kein Einsehen bemerkbar ist und es zu Wiederholungen kommt.
- **Belästigungen schriftlich festhalten:** Wenn möglich mit Datum, Zeit, Ort und allfälligen Zeugen (diese fragen, ob sie zu einer Aussage bereit wären!). Mails, SMS etc. bewahren Sie als Beweisstücke auf. Falls Sie darauf reagiert haben, halten Sie dies ebenfalls fest. Das kann hilfreich für später sein.
- **Die Person direkt ansprechen:** Indem Sie sagen, dass ihr Verhalten nicht akzeptabel ist. Allenfalls müssen Sie eine E-Mail oder einen Brief schreiben.

DIE GÄNGIGSTEN VORURTEILE

- **Bei uns gibt es solche Vorfälle nicht**
  Falsch! Eventuell fehlt das Vertrauen, dass die Geschäftsleitung das Problem effektiv angeht. Betroffene fürchten, dass ihnen, wenn sie sich melden, nur Nachteile entstehen. Variante dieses Vorurteils: Sogenannte sexuelle Belästigung ist die Fortsetzung eines Flirts, nur ungeschickt und mit schlechten Manieren vorgebracht. So wird Schwieriges umgangen, indem das Thema verharmlost wird.
- **Frauen provozieren durch Kleidung und Verhalten**
  Das Gegenteil ist meist der Fall: Betroffene kleiden sich oft unauffällig und geben sich betont zurückhaltend. Die Verantwortung wird dem Opfer zugeschoben.
- **Viele Menschen testen ihre sexuelle Attraktivität aus**
  Reine Spekulation, die nichts mit der Realität, aber sehr viel mit Wunschvorstellungen zu tun hat. Wenn die betroffene Person zu verstehen gibt, dass das Verhalten unerwünscht ist, ist es zu unterlassen. Es geht hier nicht um Erotik und Liebe, sondern meist um Macht und Gewalt.
- **Die Frau hat sich ja nicht gewehrt**
  Und dies aus verschiedenen Gründen: Wehrt sie sich, dann wird ihr vorgeworfen, sie reagiere übertrieben. Tut sie es nicht, wird Einverständnis vermutet. Egal, wofür sie sich entscheidet, sie erlebt stets negative Folgen.
- **Die reagiert einfach überempfindlich**
  Nicht jeder ist gleich sensibel und verletzlich. Dies gilt es zu respektieren. Stösst ein bestimmtes Verhalten auf Ablehnung, lässt man es eben bleiben.

- **Verbündete suchen:** Eventuell gibt es im Unternehmen vertrauenswürdige Personen, die Sie in die Sache einweihen können. So lässt sich gezielter gegen Belästiger vorgehen.
- **Unterstützung finden:** Wenden Sie sich an Vorgesetzte oder an den Personaldienst. Diese müssen eine Meldung ernst nehmen und geeignete Massnahmen einleiten. Sie haben eine gesetzliche Handlungspflicht. Das Gleichstellungsgesetz schützt die klagende Partei (plus Zeugen) bis sechs Monate nach Abschluss eines internen oder externen Verfahrens vor Kündigung.
- **Rechtliche Schritte einleiten:** Dafür gibt es verschiedene Instrumente. Man sollte sich auf jeden Fall beraten lassen. Adressen dazu finden Sie im Anhang.

ZIVILCOURAGE BITTE!

Als unbeteiligte Person können Sie Betroffenen helfen. Folgendermassen:

- *Lachen Sie nicht mit!*
- *Geben Sie dem Verursacher, der Verursacherin zu verstehen, dass das Verhalten deplatziert ist.*
- *Sprechen Sie mit der belästigten Person und ermutigen Sie sie, sich aktiv zur Wehr zu setzen.*
- *Begleiten Sie sie zum Rapportieren bei Vorgesetzten, Personaldienst oder externer Anlaufstelle.*
- *Unternehmen Sie nichts ohne Zustimmung der betroffenen Person.*

DER CHEF ERFÄHRT VOM PROBLEM ZULETZT!

Und doch wird von Ihnen als Vorgesetzter erwartet, dass Sie als erste Person handeln. Reagieren Sie deshalb unverzüglich:

- *Nehmen Sie die Anschuldigungen ernst.*
- *Machen Sie sich unverzüglich ein Bild von der Situation.*
- *Bleiben Sie vorerst strikt neutral.*
- *Und schalten Sie so schnell wie möglich das HR ein. Die sind erfahren und können alles Notwendige in die Wege leiten.*

Risiken und Nebenwirkungen der Liebe

Was ist gegen ein Techtelmechtel am Arbeitsplatz einzuwenden? An dem Ort, wo Sie einen wichtigen Teil Ihrer Lebenszeit verbringen? Was wäre die Literatur, die Filmkunst und das Leben als solches ohne Amors Pfeile, die zuweilen gnadenlos und scheinbar willkürlich ihre Opfer finden? Was spricht gegen Mrs. oder Mr. Right im gemeinsam gelebten Berufsalltag? Nichts, rein gar nichts, ausser der Arbeitsplatz ist in einem Kloster.

Doch so eine Liebe ist nicht ohne Risiko. Die Schwierigkeit: Berufliches und Privates trennen, hinzu kommen unter Umständen Hierarchieprobleme. Wenn Sie sich auf eine Beziehung am Arbeitsplatz einlassen, müssen Sie sich bereits zu Anfang fragen, ob Sie zwischen emotionalen und professionellen Ansprüchen unterscheiden können. Denn in einer solchen Beziehungskonstellation braucht es Disziplin – die Grenzen zwischen Nähe und Distanz stellen sich einem ganz neu und unvermittelt. Gerade auch dann, wenn die Liebe vorbei ist: Das Risiko, sich wieder zu begegnen, liegt bei 100 Prozent! Deshalb gibt es für Verliebte einige Regeln zu bedenken.

- Entwickelt sich etwas Ernstes, informieren Sie Vorgesetzte und Kollegen sachlich, bevor es zu Gerede und Getuschel kommt. So viel wie nötig, so wenig wie möglich.
- Küsse, Kosenamen und andere Kundgebungen von Zuneigung sollten sich auf den Feierabend beschränken. Sie wirken schnell deplatziert und etwas peinlich. Auch der Firmencomputer eignet sich wenig als Liebesbotschafter: Sie wissen gar nicht, wie neugierig IT-Leute sind!
- Geben Sie keine Beziehungsdetails an andere weiter, weder in rosigen noch in dunklen Zeiten.
- Verbringen Sie die Mittagspause weiterhin auch mit anderen, damit Sie stets als unabhängige Person wahrgenommen werden.
- Rosenkriege sind unter allen Umständen zu vermeiden – lieber ein paar Tage Ferien nehmen und Abstand gewinnen.
- Bei Liebschaften in einem Hierarchieverhältnis ist extra Vorsicht geboten. Schnell werden Bevorzugungen vermutet und es kommt zu wüsten Unterstellungen. Allenfalls ist ein Abteilungs- oder Stellenwechsel in Betracht zu ziehen. Viele Unternehmen verbieten Interessenskonflikte dieser Art!

Immer noch Lust, Büro und Bett gemeinsam zu teilen? Sie sind nicht allein, auch die Federers, Obamas und Jolie/Pitt haben die berufsbedingten Kalamitäten überwunden. Lassen Sie uns eine Flasche Champagner öffnen und auf die Mysterien der Liebe anstossen, mögen alle Beteiligten lange und glücklich miteinander leben!

Oh du fröhliches Weihnachtsessen

Zwei Gläser Prosecco auf leeren Magen und das Verhalten von Kolleginnen und Kollegen kann irritierend werden. Damit Sie dem Kater des nächsten Tages beruhigt in die Augen schauen können, hier schon einmal die paar einschlägigsten Regeln:

- Die Weihnachtsfête ist eine Pflichtveranstaltung: Der Boss trägt eine Krawatte mit Nikolausmuster und die Karaokemaschine wird mit Ihnen und dem Lied «Simply the Best» in Betrieb genommen.
- Sie ist kein Privatvergnügen. In Unternehmen mit klassischen Hierarchien kann es sich anfühlen, als sässen Sie mit den Kollegen in einer Sauna: ungewohnt, zu viel Nähe und Intimität. Der Zwang zu Zwanglosigkeit kann sehr anstrengend sein.
- Sie ist kein Oktoberfest. Keine tiefen Blicke ins Glas und auch nicht in Dekolletés. Der Chefin das Du anbieten, den Lernenden anbaggern, ein Shot-Wetttrinken mit der Rezeptionistin: Was sich am nächsten Tag nicht gut anfühlt, ist es am vorherigen Abend auch nicht. Zwei Drittel des Körpers bleiben stets bedeckt!
- Sie ist keine Therapiestunde. Probleme am Arbeitsplatz, im Team oder im Privatleben sind ungünstige Gesprächsthemen. Auch wenn der Grog gut, die Playlist mit «Last Christmas» bestückt ist und die Augen der Kollegin noch nie so bambi-like aussahen …
- Sie ist kein Managementkurs. Dem Chef mal die Leviten lesen und ihm erklären, wie der Laden wieder auf Vordermann zu bringen wäre: keine gute Idee! Auch nicht, mit Rampensau-Qualitäten brillieren.
- Man verschwindet weder als erste noch als letzte Person.
- Unterläuft einem selber ein Fehlverhalten, nicht einfach ignorieren, sondern sich entschuldigen, falls es erforderlich ist.

CHEF-WEIHNACHTSESSEN-KNIGGE

Das Wichtigste: Wählen Sie eine gute Örtlichkeit, nicht zu prätentiös, nicht zu gross (Stimmungskiller!), keine zu weiten Heimwege. Dann:

- *Eventuell Dresscode für den Abend bekanntgeben.*
- *Anbieten, die Partnerin, den Partner mitzubringen. Das verbindet und schafft die Möglichkeit, die Personen aus den Erzählungen unterm Jahr besser kennenzulernen.*
- *Sich bei der Belegschaft bedanken, ohne jedoch eine langatmige Rede zu halten. Wertschätzung zeigen.*
- *Bei der Menüwahl auf Vegetarier Rücksicht nehmen.*
- *Sich «unters Volk» mischen.*
- *Alkoholzufuhr notfalls kappen.*
- *Niemanden alkoholisiert Auto fahren lassen.*

...TWEET...

5 omg – die digitale Etikette

In der digitalen Kommunikation werden nicht nur Informationen hin und her bewegt, sondern mit ihnen zusammen auch Zeichen der Aufmerksamkeit oder Distanziertheit. In einer Geschwindigkeit und Gleichzeitigkeit, wie noch nie in der Geschichte der Menschheit. Doch: Neue Medien mögen gewisse Freundlichkeitsformen überflüssig machen, nicht aber Freundlichkeit. Worauf ist zu achten, wenn man in der weiten digitalen Welt unterwegs ist? Und: Gibt es dabei Dinge, die eigentlich schon unsere Grosseltern wussten und die wir im Hier und Heute anwenden könnten?

Rausch im grossen Rauschen?

Die Menschheit digitalisiert sich, der Mensch bleibt analog. Ungeachtet der Milliarden Bits und Bytes, die seit rund 20 Jahren eine Existenz in unterschiedlichen Parallelwelten zulassen. Vergangenheit und Zukunft scheinen angesichts der Dominanz der Gegenwart an Wichtigkeit einzubüssen. Es zählt nur das, was im Moment passiert – unsere Aufmerksamkeit ist vielseitigen Verlockungen ausgesetzt. Wie damit umgehen? Nicht Nullen und Einsen, sondern die 26 Buchstaben des Alphabets formulieren dazu einige Antworten. Zugegeben, etwas «old school».

Viele Informationen – Wichtiges und Belangloses gleichermassen – buhlen um die Gunst des Homo smartphonensis oder Webnutzers. Er lebt im ständigen Rauschen von Ablenkungsangeboten: Irgendwo gerade jetzt passiert etwas viel Spannenderes, Sensationelleres oder Amüsanteres als in der eigenen Situation. Das Netz der Netze erlaubt es uns, daran teilzuhaben. Wobei das Noch-Bedeutsamere verspricht, nur einen Klick entfernt zu sein. Technologie zum Sich-lebendig-und-wichtig-Fühlen.

Im Jetzt verhaftet

Relevantes von Unwichtigem unterscheiden, das ist die Herausforderung der Stunde. Nicht nur im Privaten, auch im Beruflichen. Denn der Ansturm der Informationen ist gigantisch. Als Folge droht das Leben, wird man nicht dauernd mit dem Neuesten versorgt, langweilig und unproduktiv zu sein. Die Hölle? Das ist nicht jener unwirtliche Ort mit Teufel und Fegefeuer, sondern die idyllische Alphütte mit stummem WLAN und Internet!

Tatsächlich passiert in Wirklichkeit nicht mehr, aber wir könn(t)en unmittelbarer daran teilhaben. Was nicht im Jetzt geschieht, verliert an Relevanz. Alles erscheint dringlich, muss in Realzeit kommentiert, begleitet werden. Die Gegenwart: allgegenwärtig. Der Mensch wird zum Sklaven, wills nicht merken und posaunt in die Welt hinaus: «Ich maile, ich poste, ich simse, also bin ich!» Anders droht der berufliche oder soziale Tod.

Zu viel Kulturpessimismus? Vielleicht. Gleichwohl drängt sich ein intelligenter Umgang mit den intelligenten Maschinen auf, meint der Schweizer Knigge. Denkbar, dass E-Mails nur noch zweimal täglich abgerufen werden? Denkbar! Möglich, das Handy zu gewissen Zeiten auszuschalten? Möglich! Hinwendung zur realen Welt statt Fingerwischen auf dem Touchscreen? Herzen und Kunden werden letztlich im zwischenmenschlichen Austausch gewonnen, so viel ist sicher!

Angesichts der vielen Möglichkeiten in der modernen Welt stellt sich somit die Frage: Welches ist jeweils der richtige Kanal? Bei einem Kostenvoranschlag per SMS werden wohl bei den meisten die Alarmglocken losgehen. In diesem Sinn: auf ins Getümmel, ins neubabylonische Wirrwarr des binären Informationsaustauschs. Im Hinterkopf wissend, dass manche Fragen sich nie ändern werden, wohl aber die Antworten darauf.

Das E-Mail-Einmaleins

Die elektronische Post ist aus dem Geschäftsalltag nicht mehr wegzudenken. Sie hat denn auch viele Vorteile: Schriftkommunikation in Echtzeit, während die Empfängerin den Zeitpunkt der Lektüre frei wählen kann, oder die Möglichkeit, Dokumente, Skizzen, Fotos anzuhängen. Über vier Milliarden Menschen sollen inzwischen über eine E-Mail-Adresse verfügen. Doch diese Schnellkommunikationsform ist nicht ganz ohne, wie viele wissen!

Kurze Zwischenfrage: Heisst es die oder das E-Mail? Antwort: In Deutschland sagt man die, in der Schweiz eher das E-Mail. Umgangssprachlich ist es also «das», im Schriftlichen wirkt «die» korrekter.

E-Mails, die besser ankommen

Damit die Vorteile dieses praktischen Kommunikationsmittels erhalten bleiben und man nicht in der Flut der E-Mails unterzugehen droht, sind einige Regeln zu beachten. Der Grundsatz darf heissen: Facts kann man auch freundlich mitteilen.

- In der Regel wird im Geschäftsalltag nicht erwartet, dass Sie elektronische Post umgehend beantworten – ausser sie ist als dringend gekennzeichnet. Sonst signalisieren Sie grenzenlose Verfügbarkeit und hinterlassen zudem den Eindruck, nichts Wichtigeres zu tun zu haben.
- Schreibstil: Die Formulierungen sind ähnlich gehalten wie beim Brief. Das gilt auch für die Anrede und die Grussformel. Und für die Rechtschreibung! Unterteilen Sie die Nachricht in Abschnitte, damit sie übersichtlich bleibt.
- Gross- und Kleinschreibung: Findet vollumfänglich Anwendung in einer E-Mail. Das erleichtert den Lesefluss.
- Die «normalen Dienstwege» sind zu respektieren, in- und ausserhalb der eigenen Firma.
- Die Betreffzeile ist wichtig: Anhand der paar Worte kann der Empfänger schnell zwischen Spam und Nachricht unterscheiden. Das Ein- und

Zuordnen wird vereinfacht. Deshalb muss die Zeile aussagekräftig sein – kurz und klar den Inhalt zusammenfassen. Schlagwörter (Änderung, Bestellung, Nachfrage etc.) an die erste Stelle setzen.

- Knappes Zitieren: Wenn Sie eine E-Mail beantworten, lassen Sie nicht die ganze Anfrage angehängt, sondern zitieren Sie nur das, worauf Sie sich beziehen.
- Attachments sollten nicht zu umfangreich und «schwer» sein – höchstens 20 MB, das ist von Provider zu Provider unterschiedlich, und auch die Mailprogramme setzen Limiten. Führen Sie in Ihrer E-Mail die Anhänge auf, die Sie mitschicken. So weiss der Empfänger, dass die Dateien sauber sind.

BUCHTIPP
Gabriela Baumgartner:
Besser schreiben im Business. Aktuelle Tipps und Vorlagen für den Geschäftsalltag. Der Ratgeber für eine klare, moderne und rechtlich korrekte Kommunikation – nicht nur per E-Mail. Mit vielen Mustern aus dem Schweizer Geschäftsalltag.
www.beobachter.ch/buchshop

- Need to know: Die Mailflut ist gross genug – es erübrigt sich, jeden und jede im Unternehmen, die im weitesten Sinn mit dem Thema Ihrer Mail zu tun haben, ins CC zu nehmen.
- Diskretion: Behandeln Sie Mailadressen vertraulich. Wenn Sie eine E-Mail an mehrere Personen verschicken, die einander nicht sowieso kennen, setzen Sie sich selber ins Empfängerfeld ein und platzieren die Adressen der Adressaten unter BCC (blind carbon copy, Blindkopie). Keinesfalls unter CC (Kopie), sonst wissen alle Empfänger um die anderen Adressaten und ihre Mailadressen!
- Terminabsprachen: Werden am bequemsten über www.doodle.ch abgewickelt, das ist am effizientesten für alle Anzufragenden.
- Heikle E-Mails: Löschen Sie sie mehrfach! Unter «Gesendete Objekte», «Gelesene Objekte» und aus dem Papierkorb.
- Abwesenheitsmeldung: Wenn Sie für längere Zeit unerreichbar sind, richten Sie am besten eine automatische Rückantwort für alle eingehenden Mails ein. So wissen die Absender, dass in diesem Zeitraum nicht mit einer Antwort zu rechnen ist bzw. an wen sie sich im Notfall wenden können.
- Ein Knopfdruck und die E-Mail ist verschickt. Kein Gang zum Briefkasten, der Ihnen eventuell noch Bedenkzeit gewährt. Deshalb ganz wichtig: Nochmals durchlesen!

DEN LETZTEN BEISSEN DIE HUNDE

Sie haben eine E-Mail erhalten, sind verärgert und wollen dem Sender eine gepfefferte Antwort schreiben. Achtung! Entfernen Sie vor dem Klick auf «Senden» alle weiteren Adressaten aus dem CC-Feld. Sonst lesen diese Ihre Replik ebenfalls, was nicht unbedingt in Ihrem Interesse sein kann!

WENN SCHON KEINE UNTERSCHRIFT

Eine Nachricht per elektronische Post sollte immer über eine vollständige Signatur verfügen. Denn oft kann ein kurzer Anruf die Dinge schneller klären als ein ewiges Hin und Her in Schriftform. Dann schätzt es Ihr Gegenüber, dass die Nummer gleich zur Hand ist. Richten Sie also das Mailprogramm so ein, dass die Signatur automatisch erscheint – löschen kann man sie gegebenenfalls immer noch.

Mit E-Mails kein Büro aufmachen

Eine E-Mail ersetzt nicht den von Hand geschriebenen Brief. Und auch nicht den am Computer verfassten und mit der Post verschickten. Niemals. Denn die Verbindlichkeit und Seriosität einer Nachricht wird nicht allein durch den Inhalt bestimmt, sondern auch durch das Übermittlungsmedium. Brief ≠ E-Mail ≠ SMS – selbst wenn darin dieselben Worte Verwendung finden.

Die Art, wie wir miteinander kommunizieren, hat sich durch die elektronische Post verändert. Sie ist schneller, effizienter, globaler, aber auch komplexer geworden. Manche würden auch sagen: stressiger, und sie bringt mehr Störungen und Unterbrechungen in den Berufsalltag. Damit die positiven Eigenschaften überwiegen, ist es ratsam, sich im Umgang mit digitaler Kommunikation einige Regeln aufzuerlegen.

VOM PERGAMENT ZUM TOUCHSCREEN

Mit der Entwicklung der Schrift haben die Sumerer – ein Volk, das zwischen dem heutigen Bagdad und dem Persischen Golf lebte – etwa 4000 vor Christus etwas Phänomenales initiiert: den Austausch von Information, ohne dass sich Sender und Empfänger am selben Ort befanden. Oder auf Boten zurückgreifen mussten. Lokale, mündliche Verständigung wurde durch das Element des fernschriftlichen Austausches erweitert, Verträge konnten festgehalten und jederzeit wieder konsultiert werden. Heute ermöglicht die Informatik, dass unsere Nachrichten binnen Sekunden jeden Ort dieser Welt erreichen, sofern es dort ein Gerät mit Netzanbindung gibt. ■

- **Reaktionszeit:** Üblich ist bei geschäftlichen Mails eine Beantwortung innerhalb von 24 Stunden. Kundenanfragen sollten allerdings noch am gleichen Tag beantwortet werden. Oder die Kundin erhält wenigstens eine Empfangsbestätigung samt Datum, wann sie mit der Antwort rechnen kann.
- **Abfragezeiten**: Fixieren Sie feste Zeiten in Ihrem Tagesablauf, wann Sie sich um das Lesen und Beantworten von E-Mails kümmern. Beispiel: konzeptionelles Arbeiten am Vormittag, Korrespondenz am Nachmittag. Bestimmen Sie selber über Ihr Dasein und lassen Sie sich nicht ablenken oder gar terrorisieren von den ständig eintreffenden Nachrichten und Ihrer Neugier, immer auf dem neusten Stand zu sein. Schalten Sie deshalb auch die munteren Empfangssignaltöne aus, sie lenken von der Arbeit ab.
- **Aufgeräumt:** Am Ende des Tages sollte der Posteingang ungelesener Mails leer sein, die wichtigsten Anfragen erledigt.
- **Ablegen:** Arbeiten Sie mit Ordnern, in denen Sie die Nachrichten zwischenlagern. Richten Sie im E-Mail-Programm Abläufe ein, die dies unterstützen. So bleibt die Übersicht einigermassen gewahrt.

DANKESSCHREIBEN?

Darf man sich mit einer E-Mail für etwas bedanken? Für eine Einladung, einen besonderen Dienst? Das ist etwa so, wie wenn Sie jemanden ohne Berührung umarmen wollen: Es geht nicht! Viel besser verwenden Sie eine Karte, das wirkt persönlicher als eine 30-Sekunden-Angelegenheit am Computer.

Social Media an der Arbeit

Soziale Netzwerke sind zu einem festen Bestandteil des Alltags geworden und haben mittlerweile auch in den Unternehmen einen wichtigen Platz erobert. In einem gewissen Sinn ähneln sie den Serviceklubs (Rotary, Lions etc.), dem Zunftwesen und ähnlichen Organisationen: Man will Kontakte knüpfen, Erfahrungen und Meinungen austauschen, interessante Menschen kennenlernen oder alte Bekanntschaften wieder auffrischen. Auf weltumspannende Weise und auf breiterer Basis, das ist das Neue.

Im privaten Bereich hat Facebook die meisten Mitglieder, von den Businessplattformen ist LinkedIn die weltweit grösste, XING vor allem im deutschsprachigen Raum stark genutzt.

Sind diese Plattformen letztlich Zeiträuber oder Nutzenstifter? Eine schlüssige Antwort gibt es nicht. Sicher wäre es eine Illusion, zu glauben, dass Businessnetzwerke automatisch Kundenaufträge generieren. Dafür muss man etwas tun. Denn die Inhalte dieser Plattformen werden durch die Nutzer selber erstellt. Man spricht von «Mitmach-Web», alles beruht auf Gegenseitigkeit. Folgende Funktionen sind für die Pflege von Geschäftskontakten auf diesen Portalen üblich:

- Profil mit Lebenslauf (in mehreren Sprachen möglich)
- Verlinkung auf die Unternehmenswebsite
- andere Mitglieder empfehlen
- Unternehmensprofile erstellen
- Mitgliedschaft in und Gründung von Themengruppen
- Suche nach Namen, Vornamen, Unternehmen, Ort, Position oder Geo-Targeting
- Netzwerkstatistiken
- Nachrichten an Kontakte, Gruppenmitglieder und Forenmoderatoren
- Benachrichtigungen über Nachrichten und Kommentare der Kontakte an andere

Kostenpflichtige Premium-Accounts weisen weitere Funktionen auf, zum Beispiel:

- Suche nach Position in der Hierarchie und nach Funktion, Unternehmensgrösse
- Profil-Organisator: Nicht-Kontakte in Ordner zuteilen

HALLÖCHEN KARRIEREKNICK

Eric Schmidt, Executive Chairman von Google: «Wir wissen, wo du bist. Wir wissen, wo du warst. Wir wissen mehr oder weniger, worüber du nachdenkst.» Dumm jedenfalls, wenn Sie wegen eines unbedachten Kommentars Ihre Integrität oder die Ihres Arbeitgebers gefährden. Es gibt zwar viele, die sagen: «Ich habe nichts zu verbergen!» Wie problematisch dieser Satz ist, stellt so mancher erst fest, wenn er selbst Opfer einer Hackerattacke wird, wenn er Cybermobbing am eigenen Leib erlebt, wenn er bei der Beförderung übergangen wird, weil irgendwo im Internet ein Bild kursiert aus der Zeit, als er sonntags mit Petarden in der Hand im Fussballstadion anzutreffen war. Datenkraken wie Google, Microsoft, Apple, Twitter und Facebook ebnen solchen Problemen den Weg. Andere folgen ihnen.

Erfolgreich unterwegs

Egal, was man letztlich in den Social Media tut und lässt, immer gilt, dass man auf den Kommunikationsstil und auf die Inhalte achtgeben muss. Sonst können Nachteile entstehen. So sind Sie vorteilhaft unterwegs:

- **Sorgfältig auswählen:** Vermeiden Sie eine Vermischung von privaten und beruflichen Profilen. Am besten, Sie verwenden fürs Business nur ein Business-Netzwerk. Und wenn Sie doch auf Facebook geschäften: Fassen Sie geschäftliche Kontakte in separaten Listen zusammen und weisen Sie diesen weniger Rechte zu. Geben Sie vertrauliche Informationen nur einem beschränkten Kreis frei («Freund» bei Facebook, «Kontakt» bei LinkedIn etc.). Überprüfen Sie alle Einstellungen und Geltungsbereiche regelmässig! Vor allem nach Updates.
- **Profil:** Auf beruflichen Netzwerken gehören dazu: Ausbildung, Position, frühere Arbeitgeber und Ihre Hobbys. Nichts frisieren, das wird schnell erkannt! Nicht nur die Rubrik «ich biete» ausfüllen, sondern ebenso «ich suche». Erlauben Sie keiner Applikation, für Sie zu posten. Eröffnen Sie auch keine Benutzerkonten auf Tinder, HappyDate mithilfe eines Facebook-Accounts, sonst wird mit Ihnen dort Werbung gemacht (steht in den Nutzerbedingungen)!
- **Authentisch bleiben:** Bauen Sie keine erfundene Identität auf. Auch potenzielle Geschäftspartner und Arbeitgeber recherchieren im Internet. Das Gesamtbild muss stimmig sein, das Foto sollte überall das gleiche sein. Und jedenfalls keines aus den Ferien.

HTTP://INFO.CERN.CH ...

... war die erste Internetadresse. Sie wurde am 13. November 1990 vom Engländer Tim Berners-Lee eingerichtet, der in Genf am CERN arbeitete. Dieses war mit dem Problem konfrontiert, dass sich die Laboratorien teils auf französischem und teils auf schweizerischem Gebiet befanden und in den jeweiligen Ländern unterschiedliche Netzwerkinfrastrukturen betrieben wurden. Damit die Wissenschaftler einfacher und schneller untereinander Informationen austauschen konnten, entwickelte Berners-Lee die Seitenbeschreibungssprache HTML, das Transferprotokoll HTTP, die URL und den ersten Browser WorldWideWeb. Der Beginn eines neuen Zeitalters – mit Schweizer Absender. ■

- **Freundlichkeit:** So, wie man in den Wald ruft ... Duzen ist bei Geschäftskontakten inopportun. Bei Kontaktanfragen verwenden Sie eine korrekte Anrede und einen höflichen Abschiedsgruss, das erhöht die Chancen des Akzeptiertwerdens.
- **Sprache:** Geprägt von kurzen Sätzen und Wörtern, der Stil ist persönlich gehalten.
- **Tonalität**: Löschen Sie keine unbequemen Einträge von Ihrer Pinnwand, das widerspricht den Gepflogenheiten. Reagieren Sie humorvoll statt verbissen. Entscheidend ist nicht der Eintrag, sondern Ihre originelle Reaktion darauf. Sich auf Businessplattformen bewegen heisst auch etwas einstecken können. Schnell kann es kritische Kommentare geben, der Ton rauer werden und gar ein Shitstorm aufziehen.
- **Im Dialog bleiben:** Überprüfen Sie mindestens einmal pro Woche Ihre Seite und reagieren Sie auf Einträge. So halten Sie die Welt – des Internets zumindest – am Drehen. Wer sich nur alle vier bis acht Wochen ins Netzwerk einloggt, wird jedenfalls keinen grossen Nutzen daraus ziehen.
- **Etwas Zurückhaltung bitte:** Überlegen Sie bei Einträgen, ob sie nicht eventuell Ihrer Reputation schaden könnten. Allzu impulsive Reaktionen aus dem Bauch heraus bereuen Sie unter Umständen später. Machen Sie wenig oder gar keine Werbung für sich selbst, sondern positionieren Sie Ihren Beruf, Ihre Tätigkeit und Ihr Unternehmen insgesamt positiv. Decken Sie Ihre Kontakte nicht mit aggressivem Selbstmarketing ein. Wer nur verkaufen will, wird schnell ignoriert. Denken Sie langfristig. Blossstellungen und Anschwärzungen von Arbeitgebern sind tabu und können rechtliche Konsequenzen haben.

Twitter – wie den Vogel nicht abschiessen?

Twitter (englisch für Gezwitscher) wurde im März 2006 gegründet und ist derzeit immer noch stark im Wachsen begriffen. Nach eigenen Angaben nutzen rund 300 Millionen Personen und Unternehmen Twitter mindestens einmal pro Monat. Sie heissen im Twitter-Jargon Follower (englisch für Anhänger). Twitter wird als Kommunikationsplattform, soziales Netzwerk oder ein meist öffentlich einsehbares Online-Tagebuch definiert. Privatpersonen, Organisationen, Unternehmen und Massenmedien nutzen das Netzwerk als Plattform zur Verbreitung von kurzen Textnachrichten (tweets) im Internet. Diese können maximal 140 Zeichen aufweisen.

Auf diesem Dienst müssen Sie normalerweise nicht entscheiden, ob Sie mit jemandem als Freund Kontakt aufnehmen wollen – jede Nutzerin, jeder Nutzer folgt denjenigen Informationsquellen, die er oder sie für relevant hält. Dabei gilt es zu beachten:

- Twitter ist ein öffentliches Medium – jeder Eintrag kann von einer Suchmaschine gefunden werden. Bedenken Sie das vor dem Versenden einer Nachricht!
- 140 Zeichen sind nicht viel. Prüfen Sie Ihre Wortwahl genau. Verkürzungen können rasch zu Pauschalurteilen und Beleidigungen führen.
- Die Relevanz liegt beim Empfänger. Nicht jeden interessieren Ihre Gedanken, Kommentare und Weltuntergangsszenarien.
- Entwickeln Sie eine dicke Haut. Es kann garstig zu und her gehen. Vermeiden Sie, aus dem Bauch heraus zu reagieren. Fühlen Sie sich nicht persönlich angegriffen, wenn Meinungen aufeinanderprallen. Das ist erwünscht und gehört zur Funktion – es wird eine markige Sprache und Argumentation verwendet.
- Ein Hashtag (zum Beispiel #knigge) hebt ein Wort oder eine Zeichenkette im Tweet hervor. Mit dieser Funktion lassen sich Schlagworte innerhalb des Netzwerks schneller recherchieren und auffinden.
- Twitter sammelt personenbezogene Daten seiner Nutzer und teilt sie mit Dritten bzw. verkauft sie an Dritte.
- Auf Twitter wird normalerweise geduzt.

Twitter-Regel #1: Zuerst recherchieren

Bevor Sie loslegen, sollten Sie sich mit Twitter vertraut machen. Sie sollten wissen, wie die Plattform funktioniert und worauf Sie achten müssen. Es

SCHÖNE NEUE WELT?

2014 betrug die Datenmenge auf dem Internet 5,6 Zettabytes. Ein Zettabyte ist eine Eins mit 21 nachfolgenden Nullen. Würde man diese Informationsmenge ausdrucken, würde der Papierstapel 112-mal die Strecke von der Erde bis zum Pluto ausmachen.

Den Internetnutzern ist meist nicht bewusst, dass jeder Klick Strom verbraucht. Täglich werden zum Beispiel 3,5 Milliarden Suchabfragen über Google gemacht und 250 Millionen Fotos auf Facebook hochgeladen. Die Datenmenge im Internet verdoppelt sich alle zwei Jahre, was einer Verachtfachung bis ins Jahr 2020 gleichkommt. Wäre das Internet ein Land, wäre es bereits heute der fünftgrösste Stromverbraucher der Welt. ■

ist wichtig, zu sehen, wie die Umgangsformen sind, wie und was überhaupt getwittert wird. Anhand dessen können Sie schliesslich einen Plan erstellen, sodass eine gewisse Professionalität und Effizienz erkennbar wird.

Twitter-Regel #2: Ziele setzen

Es gibt verschiedene Arten, Twitter für ein Unternehmen einzusetzen. Einige nutzen die Plattform, um Produkte zu verkaufen, andere wollen neue Kunden gewinnen und wieder andere wollen ihre bestehenden Kunden auf dem Laufenden halten. Bevor Sie also lostwittern, sollten Sie wissen, was Sie damit erreichen wollen und was Sie zu sagen haben.

Twitter-Regel #3: Twitter-Profil wählen

Zu Beginn sollten Sie sich ausserdem überlegen, welche Art von Profil Sie anlegen möchten und wie dieses aussehen soll. Es gibt Firmenprofile, private Profile, aber auch einen Mix aus beidem. Jedes Unternehmen tickt anders. Bei der Wahl des Profils sollten Sie also wissen, wie Sie Ihr Image widerspiegeln wollen. Privatprofile sind von Vorteil, wenn Sie mit Ihren Kunden in Interaktion treten möchten und auf einer eher persönlichen Ebene mit ihnen umgehen. Profile für Firmen hingegen eignen sich besser für News aus Unternehmen und Branche oder auch, wenn Sie Ihren Kunden einen Einblick in Ihre Arbeitswelt gewähren möchten.

Egal welches Profil, wichtig ist, es zu pflegen. Damit es immer auf dem neuesten Stand, umfangreich und optisch ansprechend ist. Auch sollten Sie Social-Sharing-Buttons in Ihre Website und andere Social-Media-Profile einbauen, um die Reichweite und den Bekanntheitsgrad zu vergrössern.

Twitter-Regel #4: Aussenwirkung erzeugen

Um mit Twitter erfolgreich zu sein, müssen Sie glaubwürdig sein. Der Erfolg ist nicht immer an der Anzahl der Follower oder Tweets messbar, sondern auch an den Weiterempfehlungen des Profils als sichere Quelle für News oder als Experte.

Es ist nicht besonders sinnvoll, Tweets zu veröffentlichen, die einer offensichtlichen Marketingstrategie folgen. Stellen Sie stattdessen Fragen, erzählen Sie aus dem Alltag der Mitarbeitenden, seien Sie persönlich und hilfsbereit. Sie können darüber hinaus ab und zu Hashtag-Diskussionen starten, ein Gewinnspiel oder andere Aktionen veranstalten, die die Aufmerksamkeit auf Sie lenken. Interagieren Sie also mit Ihren Followers: Antworten Sie auf Fragen, starten Sie eine Konversation. Dies ist schliesslich der Grundgedanke von Twitter – mit Menschen ins Gespräch kommen. Schreiben Sie immer so, wie Sie auch einer Freundin oder einem Bekannten eine E-Mail schreiben würden: freundschaftlich, locker. Seien Sie eine Person, keine Firma.

Darüber hinaus sollten Sie Personen stets direkt ansprechen bzw. vertaggen, indem Sie vor den Namen ein «@» setzen. So entsteht eine bessere Interaktion. Halten Sie sich stets auf dem neuesten Stand, sodass Sie immer mitreden können. Wer interessiert sich schon für die Diskussionen von vorgestern? Beziehen Sie sich deshalb, so weit möglich, auf aktuelle, interessante Themen. Schreiben Sie über alles Mögliche, nicht nur über Ihre eigene Marke – das will nach dem vierten Mal keiner mehr lesen.

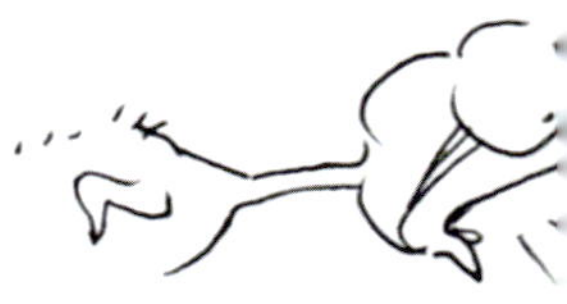

Twitter-Regel #5: Up to date sein

Last but not least: Es ist wichtig, stets mit offenen Augen durch die Twitter-Welt zu gehen. Sie sollten die neuesten Trends kennen, die Strategien vergleichbarer Unternehmen verfolgen, wissen, wann die richtige Zeit für gewisse Tweets ist und was im Social Web abläuft. Bleiben Sie dabei der Firmenphilosophie treu.

HR

6 Vorstellung von Souveränität – das Job-Interview

Es fängt ja schon einmal gut an: Ihre Unterlagen haben überzeugt und Sie werden zum Gespräch eingeladen – die erste Hürde ist geschafft! Ihre Reaktion dürfte dennoch sein: «Uh, und jetzt?» Was verhindert, dass es zum Massaker kommt, und was bewirkt den Punktesieg? Der Schweizer Knigge ist in die geheimen Folterkammern von hiesigen Unternehmen gestiegen, hat die gängigsten Verhörmethoden analysiert und gibt Entwarnung: Alles halb so schlimm. Vorausgesetzt, Sie sind gut vorbereitet.

Der zweite Eindruck zählt

Es gibt wenige Benimmbücher auf dieser Welt, die nicht folgenden Satz kolportieren: «You never get a second chance to make a first impression.» Etwas salopp übersetzt: Der erste Eindruck entscheidet. Sollen Verhaltenspsychologen über den Wahrheitsgehalt debattieren, Tatsache ist, dass nicht die ersten Sekunden darüber entscheiden, ob Sie den Job bekommen. Es gibt Wichtigeres, das einen zukünftigen Arbeitgeber interessiert. Einfach wird das Gespräch nicht, aber Sie können eine Menge lernen über sich selbst. Und im schlimmsten Fall dann eben fürs nächste Mal.

Bei einer Bewerbung geht es, wie so oft im Leben, ums Verkaufen. Nur sind in diesem Fall Sie die Ware. Nicht wenigen bereitet das Mühe. Wir Schweizer, die wir auf Harmonie und Konsens getrimmt sind, müssen Fragen beantworten wie: Warum sollten gerade SIE die Stelle bekommen? Oder: Was war Ihr grösster beruflicher Misserfolg? Das kann nicht nur höflich und bescheiden auftretenden Neulingen hierzulande die Gemütsruhe nehmen, sondern auch gestandenen Berufsprofis.

Wenn man sich geistig darauf vorbereitet, dass nicht nur die Sonnenseiten der Persönlichkeit zur Sprache kommen, hilft das schon einmal. Gerade auch dann, wenn man entsprechende Fragen antizipiert und sich mit ihnen vorgängig auseinandergesetzt hat. Denn das Bewerbungsgespräch hat nicht die Absicht, nur berufliche Ziele und Motivation auszuloten (das war ja aus den Bewerbungsunterlagen ersichtlich), sondern legt den Fokus in erster Linie auf Persönlichkeit, Erscheinung, Kommunikations-, Sozial- und Teamfähigkeit. Vieles also, was in rund einer Stunde aufs Tapet kommt. Sie fragen sich jetzt, wie man den Everest besteigt? Ganz einfach: Schritt für Schritt.

Sich intelligent vorbereiten

Über das Unternehmen Informationen einzuholen, ist wohl die erste Massnahme. Einfach die Firmen-Website abzurufen, genügt allerdings nicht. Vielleicht unterhält das Unternehmen einen Blog, dort lässt sich viel darüber erfahren, wie die Produkte oder Dienstleistungen funktionieren, woran man gerade arbeitet, wo kürzlich Erfolge verbucht wurden: eine interessante Quelle! Ein aktueller Geschäfts- oder Aktionärsbericht, Verkaufsbroschüren können weitere sein, ebenso der «Kompass», ein Firmenverzeichnis, das in Bibliotheken und Berufsinformationszentren (BIZ) aufliegt. Richten Sie auch unverzüglich bei google.com/alerts unter Angabe Ihrer Mailadresse einen Dienst ein, der Sie über alle News des Unternehmens automatisch informiert. Oder über branchenrelevante Infos generell, wenn Sie die entsprechenden Stichworte eingeben.

Und ein letzter Tipp: Fragen Sie Bekannte und Freunde, die eventuell mit dem Unternehmen Erfahrungen gemacht haben. Je mehr Sie im Vorfeld in Erfahrung bringen, desto besser!

Vorsicht Social Media!
Informationen einholen? Das machen nicht nur Sie, sondern auch das Unternehmen! Es sollen über 90 Prozent der Personalverantwortlichen sein, die bei Bewerbungen Twitter, Facebook und Konsorten auf einschlägige Einträge absuchen. Und sich überhaupt ein Bild von jeweiligen Freizeitvergnügen und Weltverbesserungsvorschlägen machen wollen. Sie tun gut daran, Ihre Einträge vorher zu bereinigen und auch kompromittierende Fotos nicht auszulassen. Ein englischsprachiges Gratisprogramm kann das für Sie übernehmen: socialsweepster.com – inklusive Bilderkennung von Bierflaschen, Nacktselfies und anderem Peinlichem.

Seien Sie bitte nicht fahrlässig in dieser Hinsicht – zu denken, nur Prominente stünden im Rampenlicht und würden über Internetfallen stolpern, könnte fatal sein. Und vielleicht ergibt sich bei dieser Säuberungsaktion die eine oder andere Gelegenheit, insgeheim ein wenig über Geltungsdrang auf sozialen Medien nachzudenken. Ist ja nur ein Vorschlag, der Sie wahrscheinlich nicht betrifft.

Die heiklen Fragen

Wie bereits angedeutet: Man will Ihnen den Puls fühlen und Ihnen ziemlich sicher auch ein paar für Sie unbequeme Fragen stellen. Bereiten Sie sich vor, indem Sie sich diese vor der Begegnung selbst beantworten und ein paar Notizen dazu machen. Wichtig: Formulieren Sie Ihre Aussagen nicht in zu technischem, emotionslosem Jargon, sondern geben Sie dem Ganzen einen persönlichen Ton, in dem auch Anekdoten Platz finden. Beispiele für solche Fragen: Gab es einen Moment der Erleuchtung für Ihre Berufswahl, wie hat die Kindheit Ihre Karriereentscheide beeinflusst, was bewegt Sie? Erzählen Sie Geschichten, statt die Stationen Ihres Lebenslaufs abzuhaken – die stehen ja bereits im CV. Wenn Sie für ein IT-Unternehmen arbeiten wollen, berichten Sie von Ihrer ersten Erfahrung mit einem Computer. Was hat Sie damals daran fasziniert?

Wenn Sie nach Ihren Schwächen gefragt werden, vermeiden Sie Klischees: «Ich bin eine Perfektionistin!« Oder: «Ich bin eine ungeduldige Person.» Es geht nicht darum, dass Sie Schwächen zugeben, sondern dass Sie zeigen, wie Sie sie gemeistert haben. Da drängt sich die PAR-Methode auf: Problem/Aktion/Resultat, Beispiel: «Ich bin nicht so gut darin, Meetings zügig zu führen, sie endeten zum Teil in langen Diskussionen. Als mir das bewusst wurde, habe ich jeweils die Zielsetzungen der Zusammenkünfte formuliert und im Vorfeld an alle Teilnehmer geschickt. Seither sind die Meetings kürzer und effizienter geworden.»

Fragen, die in Interviews immer wieder auftauchen

Im Folgenden nun einige Fragen, die so oder ähnlich immer wieder an Bewerberinnen und Bewerber gestellt werden. Bei diesen immer Sangfroid zu bewahren und dabei ehrlich, interessiert und authentisch zu bleiben, ist nicht ganz einfach. Ihre Absicht sollte es dennoch sein. Haben Sie sich schon im Vorfeld darauf eingestimmt, dürfte die erste Schrecksekunde etwas harmloser ausfallen.

Wie lange sind Sie schon auf Jobsuche?

Hintergrund: Herausfinden, wie aktiv gesucht wurde.
Ungünstig: «Ein halbes Jahr.»
Besser: «Ich wollte mir zuerst ein Bild über den Arbeitsmarkt machen und abklären, wie ich mit meinen Fähigkeiten eine neue Herausforderung an-

packen kann. Und was ich genau möchte. Das hat etwas Zeit gebraucht. Aber heute bin ich hier und überzeugt davon, die Zeit gut investiert zu haben. Und ich weiss, wo und wie ich mich einbringen möchte.»

Warum haben Sie Ihr Studium abgebrochen?

Hintergrund: Hat die Person genug Ausdauer?
Ungünstig: «Büffeln war nicht so meine Stärke.»
Besser: «Ich habe gemerkt, dass ich lieber praxisorientiert arbeite als theoretisch. Das war jedoch ein längerer Prozess, weil ...»

Mit welchen Menschen haben Sie Mühe?

Hintergrund: Teamfähigkeit testen.
Ungünstig: «Mit der Abzockermentalität von sogenannten Topmanagern.»
Besser: «Wenn der Anstand missachtet wird, mit Unehrlichkeit und Arroganz.»

Wieso treiben Sie keinen Sport?

Hintergrund: Gibt Hinweise auf die Selbstsicherheit und das Gesundheitsbewusstsein.
Ungünstig: «Ich gehe lieber mit Kollegen ein Bier trinken. Ist mir einfach zu anstrengend!»
Besser: «Ich bin nicht so der Bewegungsmensch, ich betätige lieber mein Hirn. Mit Lesen beispielsweise, mit Kultur. Und ich gehe gern ins Kino.»

Beschreiben Sie eine Situation, in der Ihre Arbeit kritisiert wurde!

Hintergrund: Erfahrung und Kritikfähigkeit ausloten.
Ungünstig: «Nun, der Chef und ich waren uns nicht einig über die Marktchancen einer bestimmten Idee. Natürlich habe ich nachgegeben, aber bin heute noch der Meinung, sie wäre gut gewesen.»

Besser: «Es schien eine gute Idee. Mein Chef hatte aber Einwände zur Machbarkeit, und ich musste feststellen: Er hatte recht. Da habe ich eine praxisnähere Lösung erarbeitet, die später erfolgreich realisiert wurde.»

Mir scheint, dass auch zwischenmenschliche Probleme Sie zum Stellenwechsel veranlassen!

Hintergrund: Wie sozialkompetent ist die Person?
Ungünstig: «Das spielt sicher auch eine Rolle, weil ich ...»
Besser: «Verbessern lässt sich immer etwas, aber ich habe die Erfahrung gemacht, dass sich einem, wenn man auf sachlicher Ebene an Zielen arbeitet, keine unüberwindbaren Probleme stellen.»

Was ist Ihnen im Leben wichtig?

Hintergrund: Die Person besser kennenlernen.
Ungünstig: «Gesundheit, ein herausfordernder Job und eine gute Beziehung.»
Besser: «Ich mag meinen Beruf und liebe meine Familie. Beides soll sich ergänzen. Ich suche eine Stelle, die mich fordert und wo ich meine Fähigkeiten einbringen kann. Mit der Familie will ich Sicherheit und Gemeinsames erleben und Zeit finden, mich zu erholen.»

Worin sehen Sie Ihre grösste Stärke?

Hintergrund: Realistische Selbsteinschätzung?
Ungünstig: «Ich bin sehr begeisterungsfähig»
(Kommentar: also sprunghaft und durchsetzungsschwach?)

NICHT ERLAUBTE FRAGEN

Krankheiten, sexuelle Ausrichtung, politische und religiöse Einstellung, Vorstrafen, Familienplanung, finanzielle Situation: Dies alles geht den Interviewer nichts an, ausser es hat einen Zusammenhang mit dem begehrten Job – etwa Ihre politische Ausrichtung, wenn Sie sich bei einem Wirtschafts-Thinktank bewerben. Weisen Sie aber den Interviewer nicht zurecht, sondern erläutern Sie höflich, dass solche Fragen zur Beurteilung Ihrer beruflichen Eignung nicht relevant sein können. Notlügen sind juristisch erlaubt.

Über allfällige Interessenkonflikte mit anderen Mandaten oder Tätigkeiten, über Konkurrenzausschlüsse und weitere Fakten, die einen negativen Einfluss auf Ihre Tätigkeit im Job haben können, müssen Sie Auskunft geben – und sogar von sich aus darauf hinweisen. ■

Besser: «Wenn ich nur eine nennen soll …, dann würde ich sagen, dass ich neugierig bin und mir gern neues Wissen aneigne. Zu verstehen, wie die Dinge zusammenhängen und funktionieren, das ist eine meiner Hauptantriebsquellen.»

Was missfällt Ihnen an Ihrem jetzigen Unternehmen?

Hintergrund: Loyalität testen.

Ungünstig: «Ich bin frustriert von meinem Chef, er lässt mir nicht den nötigen Freiraum.» (Kommentar: keine negativen Äusserungen!)

Besser: «Meine derzeitige Position ist firmenbedingt nicht ausbaufähig. Ich möchte einen grösseren Verantwortungsbereich haben und mich beruflich weiterentwickeln.»

Wie viele Rasenmäher gibt es in der Schweiz?

Hintergrund: Analytische und kommunikative Fähigkeiten testen.

Ungünstig: Längere Pause und dann: «900 000!» Oder: «Woher soll ich das wissen?»

Besser: «Es gibt acht Millionen Einwohner in diesem Land und durchschnittlich drei Personen pro Haushalt. Angenommen, Städter haben keinen, dann bleiben die Agglomeration und das Land. Wenn alle Städter zusammen zwei Millionen ausmachen, dann …»

Was unterscheidet Sie von anderen Bewerbern?

Hintergrund: Was ist der USP der Kandidatin?

Ungünstig: «Dazu müsste ich natürlich mehr wissen über die anderen!»

Besser: «Aufgrund der Stellenausschreibung und Ihrer Erläuterungen kann ich mir, so glaube ich, ein realistisches Bild davon machen, welche Persönlichkeit mit welchen Qualifikationen Sie suchen. Lassen Sie mich das kurz begründen …»

Haben Sie sich noch bei anderen Firmen beworben?

Hintergrund: Besteht eine Konkurrenzsituation?

Ungünstig: «Klar, noch bei drei anderen!»

Besser: «Es ist tatsächlich so, dass ich mich letzte Woche noch bei einem anderen Unternehmen vorstellen konnte und dort in der engeren Auswahl bin. Deshalb wäre ich froh, Sie lassen mich möglichst bald wissen, ob Sie an mir weiter interessiert sind. Was mich sehr freuen würde!»

Welchen Managementstil praktizieren Sie?

Hintergrund: Ist der Bewerber stur, direktiv oder aber integrierend?
Ungünstig: «Hart, aber gerecht.»
Besser: «Bestimmt in der Zielsetzung, flexibel in den Methoden. Da jede Situation und jeder Mitarbeiter eine etwas unterschiedliche Vorgehensweise erfordern, sehe ich meine Arbeit am ehesten darin, als Coach zu fungieren …»

Sind Sie bereit, Überstunden zu leisten?

Hintergrund: Kann die Person Aufgaben in der gegebenen Zeit erledigen?
Ungünstig: «Klar, ich weiss, wies läuft, Überstunden sind kein Problem für mich!»
Besser: «Grundsätzlich will ich die Aufgaben in der mir zur Verfügung stehenden Zeit erledigen. Das ist Teil einer sorgfältigen Selbstplanung. (Pause). Wissen Sie, ich suche eine neue Herausforderung, wo ich meine Fähigkeiten einbringen und mich entwickeln kann. Eine gewisse Flexibilität gehört dazu, davon gehe ich aus.»

Leben Sie in einer Partnerschaft? Möchten Sie einmal Kinder?

Hintergrund: Einzelgänger oder Teamplayer, sexuelle Orientierung? Single?
Ungünstig: «Das ist Privatsache, finden Sie nicht?»
Besser: «Zurzeit nicht, aber ich pflege einen engen Kontakt zu meiner Familie und meinem Freundeskreis. Und später einmal eine Familie zu gründen, ist ein Wunsch von mir.»

Welche Gehaltsvorstellungen haben Sie?

Hintergrund: Ist die Zahl realistisch? Liegt sie im Rahmen dessen, was das Unternehmen zahlen kann?
Ungünstig: «Also 80 000 müsstens schon sein.»
Besser: «Aufgrund der von Ihnen beschriebenen Aufgaben und Verantwortungsbereiche sowie meines Profils und meiner Erfahrungen, die ich für diese Funktion mitbringe, denke ich, dass mein Marktwert bei ungefähr 80 000 liegt. Sehen Sie das auch so?»

Eigene Fragen zurechtlegen

Wenn es beim Job-Interview ums Verkaufen geht, so handelt es sich sicher nicht um eine Einwegkommunikation. Ihre Absicht ist ja, alles über die neue Stelle und das Unternehmen in Erfahrung zu bringen, um sich entscheiden zu können. Auch Sie sollen also Fragen stellen, denn mit den richtigen beweisen Sie Professionalität. Sie vermitteln, dass Sie sich informiert haben, dass Ihnen Firma, Arbeitsbedingungen und Umfeld wichtig sind. Ihre Fragen sollten Sie jedoch nicht auf einen Zettel schreiben und im Gespräch ablesen, sondern im Hinterkopf haben und an geeigneter Stelle «spontan» einfliessen lassen.

Ungünstige Fragen

- Ab wann kann ich Ferien nehmen?
- Wie sind die Arbeitszeiten?"
- Gibt es die Möglichkeit eines Sabbaticals?
- Wie gut sind die Zugsverbindungen ausserhalb der regulären Arbeitszeiten?
- Haben Sie Mitarbeiterparkplätze?

Besser dagegen (gegen Ende des Gesprächs)

- Können Sie mir etwas über das Team sagen, mit dem ich zusammenarbeiten werde?
- Mir ist Weiterbildung wichtig. Wie sind die Möglichekiten dafür in Ihrem Unternehmen?
- Warum ist die Stelle frei?
- Wie werden in diesem Unternehmen wichtige Entscheide getroffen?
- Generell Fragen zu Organigramm, Strategie, Marktstellung, Haupt- und Nebenprodukten, geplanter Entwicklung, Vorgesetzten, Haupt- und Nebenaufgaben, Führungsstil und Erwartungen.
- Mit welchen Abteilungen werde ich zusammenarbeiten? Wer ist mein Vorgesetzter, meine Vorgesetzte?
- Wo ist mein Arbeitsplatz und wie sieht er aus?
- Gibt es Vorbehalte bezüglich meiner Bewerbung, etwas, was Sie zögern lässt? (Mutige und selbstbewusste Frage! Es lassen sich eventuell noch Minuspunkte beseitigen.)
- Was sind die nächsten Schritte im Bewerbungsprozess?

Die eine oder andere Frage lässt sich auch im Lauf des Interviews – und nicht erst gegen Schluss – stellen. Wichtig ist, dass Sie zwar einen interessierten, aber nicht übereifrigen Eindruck hinterlassen: also nicht allzu viele vorbringen! Es wird eventuell noch eine zweite Runde geben, in der sich Details klären lassen.

Das Gespräch

Der Tag des Interviews nähert sich jetzt rasend schnell. Sie haben sich mit dem Vergegenwärtigen von Fragen und Antworten bestens in Stellung gebracht, jetzt gibt es nur noch ein paar andere Punkte zu klären: Sie planen die Anreise und kalkulieren genügend Zeit ein. Die Tenue-Frage ist bereinigt, in Übereinstimmung mit der ausgeschriebenen Position (siehe Seite 165).

Und jetzt gilt es ernst: Die Hand ist feucht, der Mund trocken und der Puls schneller. Gleich wird die Tür aufgehen und Sie werden sich in die Höhle des Löwen begeben. Die Sternstunden und Pferdefüsse dort:

- **Begrüssung:** Ein angemessener Händedruck, der Name der Interviewperson und Blickkontakt. Nehmen Sie das Angebot eines Getränks dankend an, bei «Schreckfragen» verschafft es die Möglichkeit, ein paar Nachdenksekunden einzulegen.
- **Small Talk:** Eine gute Möglichkeit fürs Aufwärmen, um Sympathiepunkte zu erzielen und durchzuatmen (Anregungen auf Seite 96). Danken Sie für die Einladung.
- **Körpersprache:** Nehmen Sie eine aufrechte, bequeme Haltung ein und balancieren Sie nicht auf der Stuhlkante. Beinekreuzen unterlassen. Halten Sie während des Interviews Blickkontakt, bewahren Sie eine offene Haltung von Händen und Armen. Verwenden Sie Gestik

bewusst und vermeiden Sie Marotten (in den Haaren kratzen, am Bart zupfen).

- **Sprache:** Achten Sie darauf, Fragen direkt und erklärend zu beantworten. Kurze Sätze, keine Kraft- und Trendausdrücke und nicht zu viel Branchenjargon! Ist etwas unklar, stellen Sie eine Rückfrage. Lautstärke anpassen und deutlich sprechen. Es darf auch gelacht werden, Selbstironie ist ein Signal für Abgeklärtheit.
- **Notizen:** Stichworte ja, aber nicht fortwährend etwas niederschreiben.
- **Abschluss:** Bringen Sie Ihr Interesse an der Stelle zum Ausdruck und erkundigen Sie sich nach dem weiteren Vorgehen. Danke sagen.
- **Grundsätze:** Verwenden Sie Beispiele und Anekdoten. Gesicht-zu-Gesicht-Kommunikation besteht zu 58 Prozent aus Körpersprache, zu 35 Prozent aus Ton und Stimme und zu 7 Prozent aus den verwendeten Wörtern (siehe Seite 89): Ihr Körper weiss nicht, wie man lügt! Fachliche Kompetenzen sind aus Ihren Unterlagen ersichtlich, hier geht es um Ihre Person. Der Fragesteller hat nicht die Absicht, Sie blosszustellen oder Ihnen Geständnisse zu entlocken, sondern will wissen, ob Sie die richtige Person am richtigen Platz sind.
- **Kurz:** :-))

ZU VERMEIDEN

Was auf keinen Fall geht: zu früh oder zu spät erscheinen – und Letzteres dann auch noch mit der Parkplatzsuche begründen. Weitere Fauxpas:

- *Abenteuerliche Kleidung, hochhackige Absätze und Konsorten.*
- *Unhöflichkeit gegenüber Empfangspersonal, Assistenten etc.*
- *Namen des Ansprechpartners vergessen.*
- *Sich hinsetzen, bevor Ihnen ein Platz angeboten wird.*
- *Schlecht informiert sein.*
- *Unüberlegt antworten.*
- *Andere anschwärzen.*
- *Eigenes Dossier nicht kennen.*
- *Standard- oder Kurzantworten (Ja/Nein).*
- *Handyklingeln während des Gesprächs.*
- *Betriebsgeheimnisse der alten Firma ausplaudern.*
- *Keine Fragen stellen.*
- *Das Gespräch aus eigener Initiative beenden.*

KONFLIKT-STOFF?

Tragen Sie beim Bewerbungsgespräch keine neuen Kleider! Schuhe und Röcke können knirschen, der Saum der Hose schlecht vernäht sein – und anderes Unanziehendes mehr. Denn auch für Ihr Outfit gilt: Es muss erst mal die Probezeit bestehen.

Nach dem Interview

Halten Sie Rückschau: Wie habe ich mich gefühlt, was ist gut gelaufen, wo gibt es Verbesserungsmöglichkeiten? Schreiben Sie rasch, spätestens innerhalb der nächsten zwei Tage, eine kurze E-Mail oder einen Brief. Was besser ist, kommt ein wenig auf die Branche und Ihr Bauchgefühl an. Formulierungsbeispiele:

- Für das heutige Gespräch danke ich Ihnen sehr.
- Was ich heute von Ihrem Unternehmen gesehen und gehört habe, hat mich noch einmal in meiner Ansicht bestärkt, dass ich gern hier arbeiten würde. Insbesondere der/die/das ... hat mir gut gefallen.
- Die zusätzlichen Informationen zur Position haben mir gezeigt, dass ich genau nach diesem Aufgabenbereich suche.
- Die Hintergrundinformationen zur Position haben mich sehr angesprochen.
- Das Team, die Abteilung hat auf mich einen sehr sympathischen Eindruck gemacht.
- Ebenso hat mir die Aussicht auf die von Ihnen angesprochenen Weiterbildungsmassnahmen zugesagt.
- Ich freue mich, wenn wir unser Gespräch bald fortsetzen können.
- Sollten Sie Fragen zum Gespräch oder zu meinem Lebenslauf haben, können Sie sich jederzeit gern bei mir melden.

Melden Sie sich nach fünf Tagen telefonisch bei Ihrem Gesprächspartner, wenn Sie in der Zwischenzeit nichts gehört haben. Als weiteren Schritt bereiten Sie sich auf ein zweites Gespräch vor. Dessen Themen: Rückfragen und Unklarheiten, mögliche Konfliktbereiche ansprechen, Erwartungen und Entwicklungsperspektiven ausloten, Zeitraum der Ab- oder Zusage erfragen, Vertragsmodalitäten.

DIE KLUFT

Eine schlecht gebundene Krawatte? Sie kann Nachlässigkeit signalisieren. Ungeputzte Schuhe? Kein Sinn für Details. Fleckige Jeans? Unsorgfältige Vorbereitung. Hat jemand einen positiven ersten Eindruck hinterlassen, werden Fehler entschuldigt: «Kann jedem mal passieren …», ist jedoch das Gegenteil der Fall, heisst es schnell: «Dacht' ichs mir doch!» So sehr man sich eventuell dagegen sperrt, einen Menschen nur nach seinem Äusseren zu beurteilen, der zweite oder dritte Eindruck wird unterschwellig in den ersten Momenten gemacht.

BIG FIVE

Geübte Interviewer gehen, wenn sie die Persönlichkeit von Jobkandidaten beurteilen, häufig nach dem Big-Five-Modell vor:

- *Extraversion – ist die Person kontaktfreudig?*
- *Soziale Kompetenz – ist die Person angenehm, wenn man mit ihr zusammenarbeitet?*
- *Gewissenhaftigkeit – ist es klug, ihr bestimmte Aufgaben anzuvertrauen?*
- *Emotionale Stabilität – ist sie belastbar?*
- *Intellekt/Offenheit – kann ich die Person um Rat fragen?*

Diese Merkmale werden häufig von Headhuntern und vom HR herangezogen um den Charakter einer Person näher zu betrachten.

Ohne Pannen durch die Probezeit

In den ersten Tagen zeigt sich, wie gut Sie ins Team und in die Firma passen. Achten Sie auf den Umgangston Ihrer Arbeitskollegen untereinander und finden Sie heraus, wer wofür zuständig ist. Beteiligen Sie sich an Gesprächen, aber halten Sie sich beim Kaffeeklatsch zurück. Konfrontationen ausweichen, wenn es Spannungen im Team gibt.

Dass Sie rechtzeitig zur Arbeit erscheinen, braucht wohl nicht extra erwähnt zu werden. Wenn Ihnen eine Aufgabe unklar ist, stellen Sie Fragen. Besser gleich, als sich danach wiederholt erkundigen zu müssen. Auch bei Unklarheiten fragen Sie unverzüglich und machen sich schlau, wie die Dinge gehandhabt werden. Nach einigen Wochen würden Sie mit solchen Anfängerfragen negativ auffallen. Zurückhaltung zu Beginn ist sinnvoll, mit der Zeit wird jedoch erwartet, dass Sie Ihre Fähigkeiten und neue Ideen einbringen. Wenn Sie Kritik äussern oder Verbesserungen vorschlagen, tun Sie dies gezielt und konstruktiv.

KLARTEXT

Sie wissen Bescheid über

- *die gängige Anrede (Sie/du), den Umgang mit Titeln*
- *die Namen aller Beteiligten (who is who?)*
- *Meldeformel am Telefon*
- *Handy- und persönliche Internetnutzung*
- *den allgemeinen Umgangston*
- *Vertretung und Information bei Krankheit*
- *Clean-Desk-Politik*
- *Wer holt Kaffee?*
- *Arbeits- und Lunchzeiten (wird zum Beispiel gemeinsam gegessen?)*
- *Feedback-Kultur*
- *ungeschriebene Regeln*

Dresscodes fürs Bewerbungsgespräch

Einem Brady Dougan muss man nicht erklären, was zum Bewerbungsgespräch für den nächsten Karriereschritt nach der CS zu tragen opportun wäre. Halt, stimmt gar nicht, your Krawattengeschmack might be somewhat questionable, Sir, if you'd ask!

Für alle anderen gilt: Bei Banken und Versicherungen verlangt die Etikette den formellen Businessanzug, wie er in Kapitel 3 näher vorgestellt wird. Für Stellen in KMU und für Positionen im mittleren Kader hingegen gelten etwas andere Richtlinien. Ist die Schale in diesen Fällen auch weniger formal, als «nachlässig» sollten sie nicht umgedeutet werden! Auf der nächsten Seite sehen Sie, wie ein bekanntes Unternehmen für Personalvermittlung (Randstad) die Dresscodes fürs Bewerbungsgespräch formuliert hat.

KORREKT AM BEWERBUNGSGESPRÄCH

Der Mann	Die Frau	Bemerkungen
KAUFMÄNNISCHE BERUFE		
■ Eher dunkle, lange Hose in hoher Schurwollequalität oder gleichwertigen Materialien ■ Helles, einfarbiges oder dezent gemustertes Hemd ■ Zur Hose passendes Jackett ■ Dunkle Socken, dunkle, geschlossene Schuhe, passender Gürtel ■ Keine Krawattenpflicht. Ausnahme: Stelle bei Bank und Versicherung (im Voraus bei der Direktions-assistentin abklären)	■ Eher dunkle, lange Hose oder Rock in hoher Schurwolle-qualität oder gleichwertigen Materialien ■ Helle, einfarbige oder dezent gemusterte Bluse oder hochwertiges Shirt ■ Geschlossene, elegante Schuhe, passender Gürtel ■ Keine Blazerpflicht. Ausnahme: Stelle bei Bank und Versicherung (im Voraus bei der Direktions-assistentin abklären)	■ Unten dunkel, oben hell ■ Dezentes Muster
INFORMATIK UND COMPUTERTECHNIK		
■ Lange Hose, in qualitativ hochwertigen Materialien ■ Unifarbenes oder dezent gemustertes Hemd ■ Zur Hose passendes Jackett ■ Dunkle Socken, dunkle geschlossene Schuhe, passender Gürtel ■ Keine Krawattenpflicht	■ Lange Hose oder Rock in hoher Schurwollequalität oder gleichwertigen Materialien ■ Unifarbene oder dezent gemusterte Bluse, hochwertiges Shirt oder Polopulli ■ Geschlossene, elegante Schuhe, passender Gürtel	■ Unten dunkel (zumindest die Schuhe), oben hell ■ Dezentes Muster ■ Dreiteiliges Outfit

Der Mann	Die Frau	Bemerkungen
SOZIALE, PFLEGE- UND MEDIZINISCHE BERUFE		
■ Sportliche Hose (Chino, feine Cordhose oder gleichwertige Materialien) ■ Sportliches Kurz- oder Langarmhemd oder Poloshirt ■ Evtl. sportliches Jackett ■ Dunkle Socken, geschlossene dunkle Schuhe, passender Gürtel ■ Keine Krawattenpflicht	■ Hose, Rock oder sportliches Kostüm, Hosenanzug ■ Uni oder dezent gemusterte Bluse, hochwertiges Shirt ■ Evtl. sportliche Jacke oder Blazer ■ Geschlossene elegante Schuhe, passender Gürtel	■ Unten dunkel (zumindest die Schuhe), oben hell ■ Dezentes Muster ■ Dreiteiliges Outfit
INDUSTRIELLE UND GEWERBLICHE BERUFE		
■ Sportliche Hose (Chino, feine Cordhose etc.) ■ Sportliches Kurz- oder Langarmhemd oder Poloshirt ■ Dunkle Socken, geschlossene dunkle Schuhe, passender Gürtel ■ Keine Krawatten- und Vestonpflicht	■ Sportliche Hose oder Rock ■ Bluse, T-Shirt oder Rollkragenpulli ■ Evtl. sportliche Jacke oder Blazer ■ Strümpfe, geschlossene elegante Schuhe, passender Gürtel ■ Keine Blazerpflicht	■ Unten dunkel (zumindest die Schuhe), oben hell ■ Dezentes Muster

7 Aufgetischt – korrektes Verhalten beim Essen

Die Art der Nahrungsmittelzufuhr gestaltet sich – könnte man denken – je nach Situation sehr unterschiedlich. Das WK-Mahl ist etwas anderes als ein Galadiner. Heisst es in diesem Buch nicht fortwährend: Passen Sie sich der Umgebung an? Beim Thema Tischmanieren jedoch schenkt der Schweizer Knigge reinen Wein ein: Im Folgenden wird das Brot hart sein und Haare in der Suppe wird es einige geben. Oder beherrschen Sie alle Taktiken fürs Schlachtfeld, auf dem mit Messer und Gabel gefochten wird?

Lebensmittelallergien der ästhetischen Natur

Mit vollem Mund sprechen, die Suppe vom Löffel schlürfen, die Ellbogen auf den Tisch abstützen: keine Esssituation, in der nicht kleine oder grössere Sünden aufgetragen würden. Machen Sie sich diesbezüglich keine Illusionen – während Sie ein Kleidergeschäft tipptopp angezogen verlassen können, ist es vergleichsweise sehr viel schwieriger, dies unter würdigen Umständen bei Tisch zu tun. Ob jemand seine Kindheit in der Steinzeithöhle verbracht hat, manifestiert sich nirgends schneller und spektakulärer als beim Essen.

Ein Beispiel gefällig? Schätzungsweise 29,47 Prozent der jüngeren Bevölkerung von, sagen wir, unter 30 hält die Gabel zwischen dem Daumen und den anderen Fingern – beim Schneiden von Fleisch etwa. Womöglich ragt das Griffende noch hinten heraus. Das sieht im besten Fall (in der Kantine) unschön und im schlechtesten (Kundenessen) kriminell aus. Es wird auch von Bankkarrieren erzählt, die nicht mit einem Büro am Paradeplatz, sondern in der Filiale von Hinterbünzlikon geendet haben – bloss weil die Gabel nicht richtig gehalten wurde beim ans Vorstellungsgespräch anschliessenden Essen. Ästhetische Schlamassel lassen offenbar Rückschlüsse zu, dass die Person auch Wichtigeres als Essenswerkzeug nicht im Griff haben könnte.

Natürlich spielt es eine Rolle, unter welchen Umständen Sie essen. Vorausgesetzt, es sind keine Mampfgeräusche zu hören, dürfen Sie Ihren Snack in der Koje des Grossraumbüros essen, wie Sie wollen – Fingerablecken inklusive. Seien Sie sich jedoch bewusst: Das Güggelibein von Menü 1, das Sie im Kollegenkreis in der Hand halten (absolut okay), wird plötzlich ziemlich sperrig und hat unangenehme Spritzeigenschaften, wenn ihm am Businesslunch mit Messer und Gabel beizukommen ist. Die Art und Weise wie sich jemand am Tisch benimmt, ist mit einem Striptease vergleichbar: Wenige können es wirklich gut, schnell gibt man sich der Lächerlichkeit preis. Deshalb, angetreten zur Befehlsausgabe, mit der schweizerischen Gemütlichkeit ist es für eine Weile vorbei!

AUF DIE HARTE TOUR

Fragen Sie einmal Ihre Grosseltern, wie sie gelernt haben, die Ellbogen beim Essen immer körpernah zu halten! Es wurde ihnen je ein Buch unter die Achseln geklemmt. Fiel eines während der Mahlzeit auf den Boden, war auch das mit dem Dessert gegessen. Das jedenfalls ist Gesprächsstoff, der Appetit auf weitere Anekdoten von früher macht, finden Sie nicht? Fragen Sie nach!

Haltung bei Tisch

Nehmen Sie eine aufrechte Position ein. Die Arme sind in Körpernähe, die Ellbogen werden während der ganzen Mahlzeit nicht auf die Tischfläche gelegt. Erst nach dem Dessert kann es diesbezüglich etwas mehr Freiheiten geben. Das Essen wird zum Mund geführt und nicht umgekehrt. Wer fortwährende Wippbewegungen zum Teller hin und wieder weg als ehrfürchtiges Verneigen vor den Künsten der Kochmannschaft versteht, sitzt beim nächsten Businesslunch wahrscheinlich am untersten Ende. Hallo! Das gilt auch für Sie ganz hinten links! Sind jetzt etwa Einwände zu hören – gar mit vollem Mund? Sie wurden gewarnt, die folgenden Minuten sind nichts für Weicheier.

Ein Mund kann lügen, der Körper dagegen kann es nicht. Man muss sich seine Kontrolle antrainieren (fragen Sie Roger Federer!), und wer Manieren nur bei vermeintlich wichtigen Gelegenheiten hervorkramen will, hat wahrscheinlich schon verloren. Die Kaffeetasse wird schnell an der Wand statt am Henkel gehalten, Brotkrumen werden mit feuchtem Finger aufgetupft, man greift über den Tisch hinweg mit ganzem Körpereinsatz nach dem Salzstreuer.

Alles in Butter so weit? Eigentlich seit der Kindheit bekannt und deshalb nur der Vollständigkeit halber erwähnt, noch folgende Hinweise:

- Keine zu mächtigen Stücke schneiden und in den Mund stopfen.
- Vor dem Trinken den Mund mit der Serviette abtupfen.
- Mit geschlossenem Mund kauen.
- Nichts gierig hinunterstürzen.
- Beim Servieren (am Buffet) den Teller nicht überfüllen.
- Unterarme auf der Tischkante oder Hände im Schoss.
- Füsse auf dem Boden.

Der Umgang mit Messer, Gabel und Co.

Die wichtigste Regel beim Verwenden von Besteck lautet, dass es möglichst diskret einzusetzen ist – visuell und akustisch. Und: Es sieht viel schöner aus, wenn die Griffe jeweils ganz hinten gehalten werden. Wenn Sie nicht sicher sind, ob Sie nur Gabel oder Gabel und Messer verwenden sollen, warten Sie, bis andere am Tisch sich diesem Problem stellen. Ist es falsch, sind Sie wenigstens nicht allein. Ein Rat, der sich in vielen anderen Situationen ebenfalls bewährt: Nicht vorschnell agieren, sondern schauen, wie es andere machen. Wenn Sie falsches Besteck verwendet haben und deshalb für spätere Gänge schlecht aufgestellt wären, bitten Sie um Ersatz. Ohne besondere Entschuldigung oder Erklärungen.

Weiter: Machen Sie eine Pause und benützen Sie das Besteck eine Zeit lang nicht, kommen Messer und Gabel (mit den Zinken nach unten) in einer 20-nach-8-Stellung auf dem Teller zum Ruhen – ohne dass die Griffe den Tisch berühren. Der Grund: Der Tellerrand soll stets sauber bleiben. Besteck, das einmal das Tischtuch verlassen hat, berührt dieses nicht mehr. Nach dem Gang wird es parallel bei 4 Uhr auf den Teller gelegt, das Messer oben, die Gabel unten.

Der Suppenlöffel kommt jeweils nicht in der leeren Suppentasse zu ruhen, der Glacelöffel nicht im Coupebecher. Beide werden auf dem Unterteller parkiert.

Ich mache eine Pause.

Ich bin fertig mit dem Essen.

Wer bis hierher zur Meinung kam, der Herr Knigge sei übertrieben altmodisch und stur punkto Tischmanieren und es gäbe durchaus Situationen, in denen es falsch wäre, sich übermässig korrekt zu verhalten, dem sei jetzt die Hand zur Versöhnung gereicht: Ja, wenn Benimmregeln zur Abgrenzung oder zur Herabminderung anderer Leute dienen, dann sind sie nichtig, dumm und Ausdruck ungebührlicher Arroganz. Wenn sich beim Essen mit dem Kunden offenbart, dass dieser die Kinderstube mit dem Traktor durchfahren und dabei selbst die gängigsten Regeln nicht aufgegabelt hat, dann erübrigt sich überdistinguiertes Verhalten. Sie könnten zu Recht als snobistisch und lackaffig rüberkommen.

Das Messer

Es wird normalerweise in der rechten Hand gehalten. Und zwar nicht so, wie man einen Bleistift hält, sondern von oben her, Griffende in der Handballenmitte.

Kleine Randbemerkung: Das Buttermesser auf dem Brotteller dient lediglich zum Aufstreichen der Butter und nicht zum Zerschneiden eines Brötchens – dieses wird immer von Hand gebrochen. Handelt es sich um ein Arbeitsfrühstück, dann ist das Brotschneiden natürlich in Ordnung.

Die Gabel

Der Daumenklammergriff wurde bereits in die Verbannung geschickt, sind wir uns einig? Auch faustähnliche Haltepositionen gehören in diese Kategorie! Der Zeigefinger kann ausgestreckt auf der Oberkante liegen, das verstärkt die Hebelwirkung. Die Gabel geht jeweils waagrecht zum Mund (Stichwort Erbsen). Dient sie als Schaufel, zum Beispiel für Reis oder Gemüse, kann das Griffende auch in der Beuge zwischen Daumen und Zeigefinger zu liegen kommen.

Der Löffel

Die Spitze erreicht den Mund zuerst. Der Griff liegt zwischen Daumen und Zeigefinger, möglichst mit dem Ende beim Daumenansatz. Damit es nicht zu Spritzern kommt, wird der Löffel selbstredend nicht bis zum Rand gefüllt. Eine Unsitte wäre es überdies, die Suppe durch Blasen auf mundgerechte Temperatur bringen zu wollen – Stichworte: Flugeigenschaften, Akustik, Ästhetik.

GEHEIME BESTECKSPRACHE?

Nur fantasielose Subjekte des Spätkapitalismus begnügen sich mit den zwei erwähnten Besteckpositionen (Pause, Essensende). Zwecks Anregung von munteren Diskussionen am Businesslunch haben sich inzwischen mehrere, überaus beredsame Besteckanordnungen eingebürgert: Manager bekunden mit der 9:11-Andordnung, dass sie bezüglich Boni in der Porscheklasse unterwegs sind; andere, die auf die 5-vor-12-Stellung setzen, signalisieren damit dem Verhandlungspartner, dass jetzt das letzte Angebot auf dem Tisch liege.

Natürlich ist das alles Mumpitz. Vergessen sie gekreuzte Gabel und Messer, die dokumentieren sollen, dass Nachschub erwartet wird. Oder andere Positionen, die angeblich andeuten, wie das Essen geschmeckt hat. Ist alles kalter Kaffee. ■

Die Serviette

Ob aus Papier oder aus Stoff, die Behandlung ist dieselbe. Während des Essens ist der richtige Ort für sie auf Ihrem Schoss – einmal gefaltet, Falz Richtung Knie. Mit ihr wischen Sie nicht etwa den Mund ab, sondern tupfen zur Reinigung lediglich die Lippen. Verwenden Sie dazu die Innenseite der gefalteten Serviette, so können Essensreste nicht Ihre Kleider beflecken!

Bei Einladungen wartet man mit dem Auseinanderfalten am besten, bis dies der Gastgeber tut. Denn so signalisiert er, dass mit dem Essen begonnen werden kann. Zu Anfang der Mahlzeit befindet sich die Serviette links des Tellers oder in dessen Mitte. Am Schluss wird sie ebenfalls links vom Teller platziert, locker hingelegt und nicht zusammengefaltet. Dort kommt sie auch hin, wenn Sie beispielsweise die Toilette aufsuchen.

Die Gläser

Dass sie am Stiel und nicht am Bauch gehalten werden, hat zwei Gründe: einen ästhetischen und einen praktischen. Letzterer ist darin zu finden, dass sich durch die Temperatur der Finger der Wein im Glas aufwärmen könnte. Was man vermeiden will, ist doch die perfekte Ausschanktemperatur eine wichtige Voraussetzung, um seine Qualitäten besser schätzen zu können. Ein einfacher Test dazu: Gleicher Rotwein, einmal länger gekühlt, einmal kurz im Frigo und einmal bei Zimmerwärme – Sie werden drei verschiedene Weine degustieren! Und der ästhetische Grund: Es sieht einfach schöner aus. Stiellose Gläser hält man übrigens am stilvollsten im unteren Drittel.

Sie wissen nicht, welches Glas zu welchem Gang zum Einsatz kommt? Dann orientieren Sie sich am Messer des Hauptgangs ganz links. Darüber steht auch das zugehörige Glas! Jenes oberhalb oder links davon dürfte das Wasserglas, dasjenige rechts unten für die Vorspeise sein (siehe auch das Grand Couvert auf Seite 222).

DER SPREIZFINGER

Es soll ja Leute geben, die beim Halten von Tee- und Kaffeetassen oder Trinkgläsern immer noch den kleinen Finger abspreizen. Bis ins 18. Jahrhundert trug man zwar einen langen Kleinfinger-Nagel zum Zeichen, dass man es nicht nötig hatte, körperliche Arbeit zu verrichten, und dieser Körperschmuck kam natürlich in den Weg, wenn es ums Halten von Trinkgefässen ging. Vorbei diese Zeiten – heute ist es keinesfalls ein Zeichen für einen blaublütigen Stammbaum, sondern nur blauäugig!

Spezialfälle der Essklasse

Was Sie zu Hause beim Essen ohne Vorbehalt und mit Genuss tun, zum Beispiel das Kotelett abnagen, kann in der Wirtschaft – durchaus im doppelten Sinn – doch schnell einmal zu Irritationen führen. Die Frage des Finger- oder die des richtigen Messereinsatzes muss eindeutig differenzierter angegangen werden. Hier die Auslegeordnung.

Untergebene oder Gäste dürfen sich erst setzen, wenn die ranghöhere Person oder die Gastgeberein Platz genommen hat. Hoffentlich tut sie dies so rasch wie möglich, sonst heisst es vor dem Stuhl herumstehen. Haben diese «wichtigeren» Personen noch etwas zu erledigen, laden sie die anderen ein, sich sofort zu setzen – das erleichtert die Dinge etwas.

Im Brotteller

Das Brot darin wird, wie bereits erwähnt, nicht geschnitten, sondern in mundgerechte Stücke gebrochen – tat schon Jesus so. Und erst danach wird es mit Butter bestrichen und in den Mund geführt. Wird dagegen Toastbrot, etwa zu geräuchertem Lachs, gereicht, gilt die Regel nicht: Butter und danach die Zutat darauf streichen/legen und hineinbeissen!

Brot darf als Hungerkiller bereits vor dem ersten Gang vertilgt werden. Etwas Zurückhaltung dabei würde allerdings von Herrn Knigge, der jetzt schräg links auf der anderen Tischseite Ihnen gegenüber sitzt, mit einem anerkennenden Lächeln quittiert.

Und jetzt zur Frage aller Fragen: darf Brot zum Auftunken der Sauce benützt werden? Ja! Immer! Auch beim Businesslunch mit hochrangigen Gästen oder im Dreisternelokal. Das darf als indirektes Kompliment an die Küche verstanden werden. Zugegeben, es braucht etwas Mut, dies in gewissen Konstellationen als Erster zu tun, aber wie sagt man so schön: Be a devil! Was nicht heisst, dass Sie die Sauce bis in die hintersten Rundungen aufsaugen und das Porzellan wieder blitzblank für den nächsten Service zur Verfügung steht!

ES(S)KAPADEN

Natürlich ist ein Malheur schneller passiert, als einem lieb ist. Dann fragt sich, wie man am elegantesten aus der Situation herausfindet. Am ehesten wohl so: Ruhig Blut bewahren und handeln! Bei eigenen Malheurs oder Peinlichkeiten macht man kein Aufhebens (ausser bei der heruntergefallenen Serviette), sondern geht nonchalant darüber hinweg.

- Eine Gräte, ein Obstkern im Mund? Lassen Sie das Stück aus dem Mund auf die Gabel (oder den Löffel) gleiten und setzen Sie es damit auf dem Teller wieder ab. Jedoch nicht am Tellerrand, denn der sollte immer unbekleckert bleiben. Ist kein Besteck vorhanden, weil der Fremdkörper per Hand in den Mund kam – beim Apéro beispielsweise eine Olive? Eine Papierserviette nimmt das Teil auf und wird danach entsorgt.
- Ein Essensrest zwischen den Zähnen? Auf der Toilette wird das Ärgernis mittels eines Zahnstochers herausgefischt.
- Verschluckt, Husten- oder Niesanfall? Verlassen Sie den Raum.
- Die eigene Krawatte, die Bluse bespritzt? Ariel Pocket, ein Fleckstift im Taschenformat, beseitigt das Missgeschick (gehört in jede Büroschublade und Damenhandtasche!). Falls nicht vorhanden: Gang aufs WC und ausspülen (hoffentlich hats dort einen Händetrockner).
- Den Inhalt eines Glases auf das Kleid der Nachbarin gekippt? Sich aufrichtig, jedoch nicht überschwänglich entschuldigen. Aber versuchen Sie nicht beim Abtupfen zu helfen, sondern bieten Sie an, den Ersatz oder die Reinigung zu übernehmen. Für etwas haben Sie ja die Haftpflichtversicherung.
- Ein Fleck auf dem Tischtuch? Einen kleinen dürfen Sie ignorieren, grössere werden mit einer frischen Serviette abgedeckt. Ist Servicepersonal vorhanden, bitten Sie es, das für Sie zu tun. In jedem Fall: Sich entschuldigen, jedoch keine an den Haaren herbeigezogenen Rechtfertigungen vorbringen, sondern allenfalls etwas Selbstironisches beifügen: «Das war wohl ein Kaffee zu viel!» Souverän bleiben.

Ach, gar nicht Ihnen, sondern jemand anderem am Tisch ist das Malheur passiert? Helfen Sie dieser Person, indem Sie über die Angelegenheit grosszügig hinwegsehen oder allenfalls diskret Hilfe anbieten. Sie wird es zu schätzen wissen.

Die Gastronomie hat sich übrigens dieses Begehrens auch angenommen und stellt den sogenannten Gourmetlöffel bereit. Sie erkennen diese Besteckart an einer Kerbe im oberen, vorderen Teil – eigentlich handelt es sich um eine Art Messer (ohne scharfe Schneide) mit Löffelfunktion. Damit lässt sich etwa Fisch zerteilen und Sauce in den Mund führen.

OH SCHRECK, EIN FLECK!
Beim Businesslunch ein Rotweinfleck auf dem weissen Hemd? Etwas Zitronensaft darauf, danach Mineralwasser und eventuell (jedoch schwer vorstellbar, dass das ohne Aufsehen geschieht) mit Salz bestreuen. Ein Reservehemd liegt im Büro bereit. Und das bewährte K2R auch!

Besteckfragen

Sie können die Amerikaner belächeln, wenn diese vorerst das ganze Steak zerschneiden und dann die einzelnen Stücke nach und nach aufgabeln. Das würden Sie ja nie tun! Doch auch für Besseresser stellt sich beim Umgang mit dem Werkzeug das eine oder andere Problem, ist einmal anzunehmen. Nicht? Dann denken Sie mal messerscharf nach, wie Sie die Suppe auslöffeln würden, die Ihnen der Schweizer Knigge hier einbrockt.

Messerfrage 1: Salat und Kartoffeln

Laut klassischer Tradition wird zum Verzehr von Salat nur die Gabel verwendet – haben Ihre Grosseltern jedenfalls so gelernt. In der Hoffnung, dass die Salatblätter bereits in der Küche klein genug geschnitten wurden und ohne grosse Faltübungen in den Mund zu manövrieren waren. Und vor dem Einzug von Chicorée in die hiesige Küche! Heute gilt die Regel nicht mehr – aber: Wenn Sie zwecks leichterer Handhabung zum Messer greifen, riskieren Sie von älteren Herrschaften mit seltsamen Blicken belegt zu werden. Sind solche Zeichen der Irritation absehbar oder sitzt der Boss aller Bosse am Tisch, dann üben Sie sich in der Kunst des Origami. Sagen Sie sonst nicht, Sie seien nicht gewarnt worden! Hier macht sich etwas Flexibilität bezahlt (höhere Lohnklasse). Besser wäre auch, statt des Messers die Gabel zum Zerteilen zu nehmen.

Sogar die Regel, dass Kartoffeln nicht mit dem Messer geschnitten werden dürfen, ist veraltet. Mit der Gabel zerteilt, vermögen sie allerdings die Sauce besser aufzunehmen – das hat also auch etwas Gutes!

Messerfrage 2: Pastetchen und Blätterteiggerichte

Diese werden mit der Gabel und ohne Messer zerteilt (Ausnahme: Filet im Teig). Ist so, Punkt. Keine weiteren Diskussionen. Der Hinweis soll genügen, dass Sie eventuelle Mitstreiter – um den Job oder den Millionen-Deal – dank dieser Fingerfertigkeit mit links auf die hinteren Plätze verweisen. Voilà, ein Ereignis, bei dem Sie Ihre Souveränität auftischen können!

Eierspeisen

Noch so ein Tummelfeld für Kuriositäten: Während Sie Spiegeleier mit Messer und Gabel essen, werden Sie sich hoffentlich hüten, dies auch bei einer Omelette, Rühreiern oder der pochierten Version zu tun! Eine allein aufgedeckte Gabel setzt das entsprechende Zeichen.

Und die (süssen) Crêpes Suzette? Mit Messer und Gabel, obwohl omelettenähnlich – normale (salzige) Crêpes hingegen nur mit Gabel! Seltsam, Sie haben recht.

Löffeln? Suppe und Spaghetti

Früher hiess es noch, dass es unkorrekt sei, den Suppenteller fürs letzte Auslöffeln zu kippen. Das ist passé! Wenn Sie dazu den Teller nach rechts hinten neigen, wird heute niemand irritiert blicken. Ist der Suppenteller eine Tasse und befindet sich darin eine klare Suppe (Bouillon) ohne Einlage, dürfen Sie diese sogar mit der Hand zum Mund führen und austrinken. Während Pausen wird der Löffel übrigens auf dem Unterteller zwischengelagert und nicht in der Schale. Am Schluss auch.

Ob Sie Spaghetti mit der Gabel allein (si!) oder mit der zusätzlichen Hilfe eines Löffels (no!) aufwickeln, ist (è'quasi) das Gleiche. In Italien kommt man ohne Löffel aus. Hauptsache, es entsteht ein mundgerechter Knäuel. Auf keinen Fall die Spaghetti mit dem Messer oder gar den Zähnen zerteilen – basta!

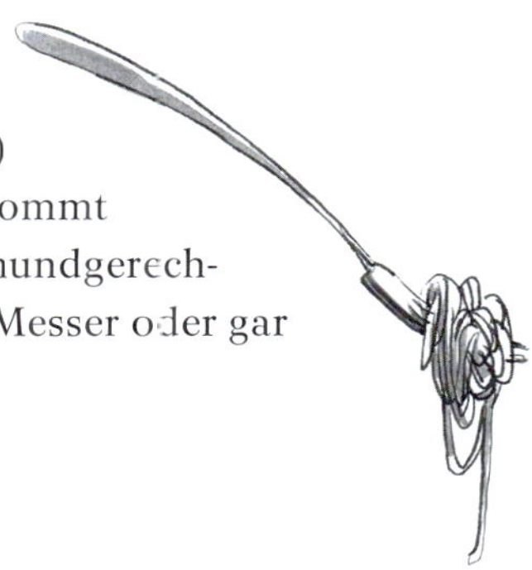

STEHAPÉRO

Ein Weinglas, ein Teller, eine Serviette und dann noch eine Hand frei haben für die Begrüssung? Hört sich kompliziert an. Mit etwas Übung lassen sich solche Situationen in den Griff kriegen. Beim Stehapéro bewegt man sich von Stehtisch zu Stehtisch, plaudert und isst etwas zwischendurch. Grösstes Problem dabei: das Entsorgen von Spiesschen, Schalen von Krustentieren und Ähnlichem. Wenn Sie einen Teller zur Hand haben oder einer auf einem der Tische steht, werden die Überbleibsel dort deponiert – nicht aber in einem Aschenbecher. Oder sie werden dem Personal ausgehändigt, notfalls auch in eine Serviette gewickelt.

Fingerschale – Fingerfood

Fakt 1: Zu Ehren eines einfachen Bauern, der sich besonders verdient gemacht hatte, wurde am spanischen Hof ein Festmahl gegeben. Im Lauf des Mehrgängers wurden Schalen zum Reinigen der Finger hingestellt. Der Bauer, nicht lange zögernd, ergriff seine und trank das Zitronenwasser aus. Worauf es ihm der König und danach geistesgegenwärtig der ganze Hofstaat gleichtaten. Schöne Geschichte, finden Sie auch?

Fakt 2: Es gibt Speisen, die Sie absolut konform mit den Fingern essen dürfen. Wird eine Fingerbowle (oder ein Zitronentuch) gereicht, wird das sogar erwartet. Die Stoffserviette, die sich allenfalls unter der Schale befindet, benützen Sie zum Trocknen der Finger. Fehlt die Fingerschale allerdings, sollten Sie das Besteck verwenden.

- **Artischocke:** Sie isst sich zu Beginn mit Fingern. Wenn das sogenannte Heu erscheint, entfernen Sie es mit Messer und Gabel, den so freigemachten Boden essen Sie ebenfalls mit dem Besteck.
- **Spargeln:** Mit den Fingern essen! Wurden sie über den optimalen Garpunkt gekocht, hängen sie jedoch arg schief und liessen sich nur von oben her in den Mund halten. In einem solchen Fall nehmen Sie eine Gabel und stützen die Verhältnisse etwas. Ist keine Fingerbowle vorhanden, nehmen Sie Messer und Gabel und beginnen beim Kopf.
- **Geflügel und Koteletts:** Sie werden nicht von Hand, sondern mit Messer und Gabel verspeist. Die aufgetischte Bowle bei einem Gang mit kleinerem Geflügel wäre allerdings ein Fingerzeig, es mit Gotteswerkzeug zu tun. An

einem formellen Essen sollten Sie bei Koteletts und Pouletschenkeln mit Besteck hantieren; im privaten Kreis ist der Fingergriff zum Abnagen am Schluss völlig in Ordnung – elegant und einhändig, bitte.

Fishy stuff

In der Regel wird einem Fischgericht auch die entsprechende Gabel und ein adäquates Messer zur Seite gelegt. Nicht immer allerdings. An einfacheren Orten mit nur wenigen Fischgerichten – etwa den obligaten Fischknusperli – kann auch ganz normales Besteck aufgetischt werden. Wie gehen Sie in solchen Fällen vor? Richtig, Sie zerteilen das Stück nur mit der Gabel und lassen das Messer unbenutzt. Wir verstehen uns immer besser, vielen Dank für den Effort! Weitere Köder für Ihren Wissenshunger:

Austern
Geräuschvolles Schlürfen erlaubt! Wenn sie offen auf den Tisch kommen (normalerweise), lösen Sie mit der Austerngabel (rechts des Tellers!) das Fleisch von der Schale, würzen das Ganze mit Zitronensaft und Pfeffer und schlürfen es zusammen mit dem Meerwasser aus der Schale.

Moules marinières
Zu Beginn befreien Sie das Fleisch einer Muschel mit der Gabel aus der Schale. Danach gebrauchen Sie die erste Muschel als Zange und kneifen auf diese Weise alle anderen Stücke heraus. Die Brühe löffeln Sie, wenn Sie mögen, mit einem Suppenlöffel aus oder verwenden ein Stückchen Brot zum Auftunken, kein Problem.

Shrimps & Co.
Ihnen rücken Sie zu Leibe, indem Sie mit der linken Hand den Kopf fassen und mit der rechten das Schwanzende durch Brechen und Drehen abtrennen. Ist keine Fingerbowle gereicht worden, tun Sies per Messer und Gabel und trennen auch den schwarzen Faden (den Darm) vom Fleisch.

FISCH FILETIEREN

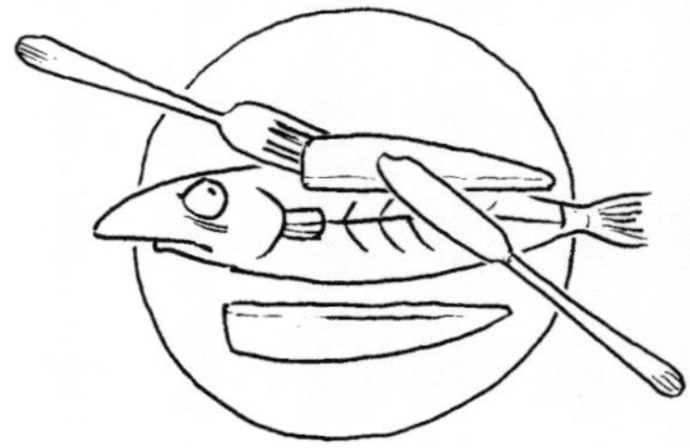

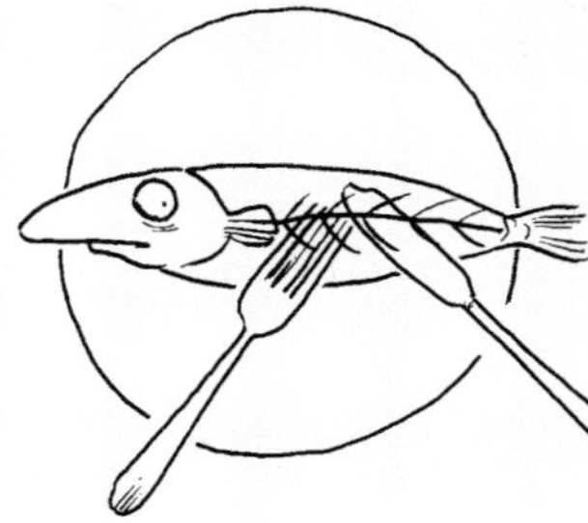

1. Mit dem Fischbesteck alle Flossen abtrennen. Bei gewissen Meeresfischen (Seezunge, Steinbutt) entfernen Sie jetzt auch die Gräte oben.

2. Wenn Sie die Haut nicht mitessen wollen – zum Beispiel bei Forelle blau –, entfernen Sie sie mit dem Fischbesteck: Messer darunterschieben und abheben. Ebenfalls bei der Forelle werden die Bäckchen unterhalb der Augen ausgelöst.

3. Schneiden Sie den Kopf nach den Kiemen ein.

4. Schieben Sie die Filets nach oben und unten weg.

5. Heben Sie die vollständige Gräte mit Kopf und Schwanz an und legen Sie alles auf die Seite oder auf den dafür vorgesehenen Grätenteller.

6. Mit Messer und Gabel schieben Sie die Filets weg und transportieren die zurückgebliebene Haut ebenfalls auf den Grätenteller. Danach ordnen Sie alles ein wenig, damit der Teller nicht wie ein Schlachtfeld aussieht!

Hummer
Glückwunsch, der ist mittlerweile so teuer, dass er eher selten den Weg auf einen Teller findet! Korrekt essen? Gehen Sie auf YouTube und sehen Sie sich dort an, wie das Schalentier von den «happy few» sachgemäss ausgelöst und verspeist wird!

Nicht das Gesicht verlieren – mit Stäbchen essen

Sie können davon ausgehen, dass das, was in unseren Breitengraden unschicklich ist, auch bei Mahlzeiten in Asien – oder mit asiatischen Kunden in der Schweiz – unangebracht wäre. Seien Sie aber versichert, dass Asiaten äusserst tolerant im Umgang mit Ausländern sind und keinesfalls erwarten, dass Sie sich als Meister im Umgang mit Essstäbchen zeigen. Im Gegenteil: Fällt der Europäer mit Ungeschicklichkeit auf, fühlen sie sich in ihrer Eigenart bestätigt. Sie würden auch niemals und niemandem zu verstehen geben, dass dies oder jenes nicht ihrer Etikette entspricht. Wenn Sie unsicher sind, fragen Sie gezielt nach, denn Höflichkeit und Respekt geniessen einen hohen Stellenwert in diesen Ländern.

SCHLECHTE FALLE MIT ASIATISCHEM

Stäbchen kreuzen? Niemals – das ist ein weitverbreitetes Symbol für den Tod (bei uns heisst das Pendant: den Löffel abgeben!).

- *Essstäbchen in die Reisschale stecken – das ist in Japan ein Symbol für Trauer.*
- *Mit den Stäbchen auf andere Leute zeigen – tut man ja auch nicht mit dem Besteck hierzulande.*
- *Weiterreichen von Essen mit Stäbchen. Man benützt dafür einen Extrateller und dreht die dickere Seite der Stäbchen nach vorn (jene, die noch nicht im Mund war!).*
- *In China und Japan können die Stäbchen zum «Schaufeln» verwendet werden, indem die Schüssel zum Mund geführt wird. In Korea dagegen ist das ein absolutes No-Go.*

SO HALTEN SIE DIE ESSSTÄBCHEN RICHTIG

1. Ein Stäbchen kommt mit dem dickeren Ende in die Beuge zwischen Daumen und Zeigefinger, während der mittlere Teil auf der Spitze des Ringfingers liegt.
2. Das zweite Stäbchen wird mit den Spitzen von Daumen, Zeige- und Mittelfinger gehalten und übernimmt so eine Zangenfunktion zum Festhalten des Essensstücke.

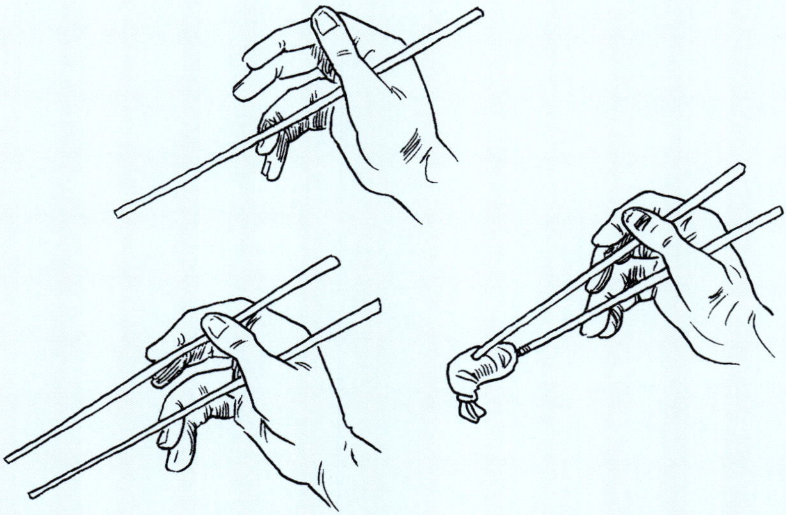

Allgemeiner Tipp: Schauen Sie zuerst zu, wie Leute vorgehen, die sich auskennen in der Materie. Das gibt Ihnen Hinweise für Ihr eigenes Verhalten. Eine Regel, die selbstverständlich universell gilt. Am Schluss der Mahlzeit legt man übrigens die Stäbchen nicht auf die Schüssel, sondern aufs Tablett.

8 König Kunde – eine Pflegeanleitung

Der Kunde ist König, heisst es. Aber seit Kurzem beschleicht einen der Gedanke: Ist das wirklich so? Müsste es nicht heissen: Der Kunde ist sein eigener Dienstleister, wenn er das Gepäck selber einchecken, das Bett eigenhändig zusammenbauen und den Einkauf im Self-Scanning erfassen soll? Es wäre jedoch ein Irrtum, diesen Personenkreis in die Wüste zu schicken: Einen bestehenden Kunden pflegen kostet siebenmal weniger, als einen neuen zu akquirieren. Wie wollen Kunden behandelt, begleitet und verköstigt werden? Der Schweizer Knigge legt den roten Teppich aus – im übertragenen Sinn wenigstens.

Der König ist tot – lang lebe der Partner!

Kunden wollen ernst genommen und verstanden werden. Wirklich verstehen kann man nur jemanden, dem man auf Augenhöhe begegnet. Wenn beide Seiten echt sind und keine Rollen spielen – nicht Untertan und König, sondern Anbieter und Kunde. Dann besteht eine Basis für eine tragfähige Beziehung. Das Schweizer Geschäftsleben ist tief durchdrungen von diesem Grundsatz, dass weder auf die eine noch auf die andere Seite übertrieben wird.

Der Kunde hat keinen geschenkten Titel nötig, und einen Alleinanspruch wie echte gekrönte Häupter kann er ebenfalls nicht geltend machen. Doch so viel ist gewiss: Er bezahlt Löhne, Mieten, Geschäftsimmobilien, Fahrzeugpark, Neuentwicklung, Herstellung und Vertrieb von Produkten und Dienstleistungen. Dass er im immateriellen Tausch dafür Respekt, Loyalität, Fairness und Interesse erwarten darf, ist eigentlich eine Selbstverständlichkeit. Wie bestehende und neue Kunden zu umwerben sind, ist natürlich Gegenstand von vielen Büchern und Workshops. Der Schweizer Business-Knigge beleuchtet dabei – neudeutsch formuliert – die Face-to-Face-Kommunikation.

Persönliche Kontakte

Die direkteste Art von Kundenbeziehung geschieht von Angesicht zu Angesicht. Nur im persönlichen Gespräch lassen sich echte Kontakte herstellen – sie sind durch nichts zu ersetzen! Wichtig dabei folgende Punkte:

- Den Namen des Kunden, der Kundin wissen: Denn der eigene Name ist eines der positivsten Wörter, die wir kennen. Deshalb ärgern wir uns, wenn er falsch geschrieben (Achtung Datenbanken!) oder ausgesprochen wird. Ihn auch während eines Gesprächs immer wieder einzuflechten, ist ein Sympathie schaffendes Verhalten. Mit dazu gehören Anrede und Funktion.

- Offene Fragen geben Gesprächsstoff für Small Talk her: «Wie zufrieden sind Sie mit dem Auto?»
- Geschlossene Fragen bringen die Dinge auf den Punkt. Sie bestätigen Sachverhalte und leiten Entscheidungen ein: «Ist diese Ausstattungsvariante interessanter für Sie?»
- Alternativfragen erleichtern Entscheidungen, indem sie eine Wahlmöglichkeit bieten: «Cabriolet oder Coupé?»
- Suggestivfragen sind zu vermeiden, weil sie zu durchsichtig sind: «Sie stimmen mir sicher zu, wenn ich sage, dass dieses Modell ganz auf Ihre Ansprüche zugeschnitten ist, oder?»
- Akzeptieren Sie ein Nein. Lassen Sie möglichst immer eine Tür offen. «Ihre Gründe leuchten mir ein. Hoffentlich denken Sie an mich, wenn die Sache wieder aktuell ist.» So signalisieren Sie, dass Ihnen die Beziehung mehr wert ist als ein schneller Geschäftsabschluss.

HARDSELLING

Schnällschnurri- und Schwiegermütter-Verkäufer sind mega-out! Kunden wollen beraten und als erwachsene Menschen behandelt werden. Und dann selbstbestimmt handeln. DAS Marketingwort der Stunde lautet: Authentizität. Schauen Sie die Werbung an: Viel davon lässt sich mit «Testimonial-Kampagne» charakterisieren. Berühmte Persönlichkeiten oder echt wirkende Kunden erklären, weshalb sie sich für die Firma XY entschieden haben. Alles, was den Anschein von Übertreibung oder leeren Versprechungen haben könnte, wird vermieden. Kompetent wirkende Glaubwürdigkeit wird gesucht, in den neuen Medien genauso wie im klassischen Inserat.

Kunden im Unternehmen empfangen

Bevor es zum eigentlichen Zusammentreffen kommt, haben Sie sichergestellt, dass das Sitzungszimmer gelüftet ist und die richtige Temperatur hat, die technischen Geräte funktionieren und Getränke bereitstehen. Der Gast wird den Platz mit Blick zur Tür und dem Fenster im Rücken erhalten, so sieht er, wenn noch jemand kommt. Bei rechteckigen Tischen ist die «sie/wir-Sitzordnung» – Kunde(n) auf der einen, Firmenleute auf der anderen Seite des Tisches – zu vermeiden, es ist besser, über Eck zu sitzen.

Sie begrüssen die Kundin

Diese sollte nicht zu lange auf Sie warten müssen. Bei der Begrüssung haben Sie als Gastgeber das Recht, die Hand als Erster auszustrecken: «Grüezi Frau Brugger, schön, sind Sie hier!» – beispielsweise. Sind Sie noch nicht miteinander bekannt, stellen Sie sich vor: «Ich bin Ursina Knüsel, die Marketingverantwortliche.»

Empfangen Sie mehrere Kunden, grüssen Sie zuerst die Chefin, danach die Mitarbeitenden links von ihr, dann die rechts von ihr, oder umgekehrt. Nach Rang und Alter vorzugehen, wäre zu kompliziert! Sind mehrere Kunden da und wissen Sie nicht, wer die hierarchisch höchste Person ist, grüssen Sie die Gruppe – meist wird dann die richtige Person als erste die Hand reichen.

Durch Gänge, Treppen und im Lift

In einem Handwerks- oder Industrieunternehmen gehen Sie voraus, die Kunden folgen, denn Sie kennen die Örtlichkeiten. Erwähnen Sie, weshalb Sie vorangehen (siehe auch Seite 41). Beim Gang durch ein Dienstleistungsunternehmen befolgen Sie die Regel «links schützt vor rechts» (siehe Kasten). Das hat auch den Vorteil, dass andere Mitarbeitende sehen, dass Sie mit einem Gast unterwegs sind, und entsprechend nicken oder grüssen können. Auf der Treppe gehen die Kunden voraus, wenns hinaufgeht (Sie könnten stolpernde Personen auffangen); wenns hinabgeht, gehen Sie zuvorderst (aus demselben Grund). In den Lift gehen die Kunden voraus, hinaus die Personen bei der Tür zuerst.

LINKS SCHÜTZT VOR RECHTS

Es ist eine althergebrachte Regel: Die stärkere Person geht jeweils links von der zu schützenden Person, wenn sie nebeneinander gehen. Dies hat eine handfeste Erklärung aus der Vergangenheit: Der mit einem Säbel bewaffnete Begleiter konnte diesen mit der rechten Hand aus der Säbelscheide ziehen, ohne dass seine Begleitung durch diese Aktion in Gefahr kam. Stellen Sie sich das auf der anderen Seite vor – die gute Absicht wäre schnell ins Auge gegangen.

Im Privat- und Berufsleben wird «links schützt vor rechts», surprise, surprise, immer noch genutzt. Als Zeichen der Aufmerksamkeit. Die Anordnung wird eigentlich nur dann aufgehoben, wenn eine noch wichtigere Regel zum Zug kommt: die andere Person vor Gefahren schützen, zum Beispiel auf dem Trottoir auf der Strassenseite gehen, in der Fabrikhalle auf der Seite von gefährlichen Maschinen. ■

Während des Termins

Die Regel punkto Kleidung heisst: Egal, was der Kunde tut, Sie tragen Pflichttenue und der oberste Krawattenknopf bleibt zu. Handeln Sie jedoch situationsgerecht, allerdings nie nachlässiger, als der Gast es ist! Sollte der Kunde den Raum verlassen, stehen alle auf, dasselbe bei der Rückkehr. Noch etwas Letztes zum Thema: Ihre Hände sollten immer sichtbar und über der Tischkante sein! Das macht einen vertrauensvolleren Eindruck.

Small Talk? Unbedingt, humorvoll und charmant, wenn es Ihnen recht ist! Mehr zu den Techniken lesen Sie auf Seite 96. Die Überleitung zu den eigentlichen Gesprächsthemen erfolgt dann möglichst subtil: «Das ist sehr spannend, was Sie uns da über Ihre Wanderung auf dem Jakobsweg erzählen! Sie müssen mir später unbedingt mehr davon berichten. Deshalb fällt es mir auch schwer, jetzt auf unseren Tagespunkt umzuschwenken. Wollen wir es trotzdem versuchen?»

NO EN KAFI, BITTE!

Bitte sprechen Sie sich im Team ab, wer eine zweite Runde Kaffee oder sonstige Getränke bringen soll. Ziemlich unmodern jedenfalls, wenn das ein weibliches Teammitglied für gleichrangige Kollegen übernehmen soll. Wie bereits erwähnt: Im beruflichen Kontext gibt es keine Rangordnung der Geschlechter, auf ein althergebrachtes Rollenbild wollen Frauen jedenfalls nie reduziert werden! Das hinterlässt einen schalen Eindruck.

AUSLEGEORDNUNG

Teilnehmer, die am Verhandlungstisch ihre Unterlagen weitflächig ausbreiten, demonstrieren ihre Macht und zeigen, dass sie kaum zu Zugeständnissen bereit sind.

So fahren Sie gut!

Auf geschäftlichen Autofahrten ist der Beifahrersitz der Ehrenplatz. Die zweitwichtigste Person sitzt hinten rechts, hinter dem Fahrer die dritte Person. Haben Sie das Steuerrad in der Hand, sollten Sie den Gästen die Tür öffnen. Wichtig ist, dass Sie immer sichtbar vorn um den Wagen herumgehen. Wird das Auto von einem Chauffeur gelenkt, ändert sich die Sitzordnung: Der beste Platz ist hinten rechts, daneben Platz Nummer zwei und als schlechtester gilt dann der Beifahrersitz. Richtig geschaltet?

Mit Stil am Geschäftsessen

Im Geschäftsleben gibt es viele Gründe für ein gemeinsames Essen: Freude, Belohnung, kennenlernen, entspannen, Kontakte vertiefen, beeinflussen, verpflichten. Und: sich verpflegen.

Laden Sie Gesellschaften von mehr als acht Personen ins Restaurant ein, treffen Sie besser eine Menüwahl im Vorfeld. Das ermöglicht einen reibungslosen, schnelleren Service, und die Diskretion ist ebenfalls gewahrt, weil auf dem Menükärtchen die Preise nicht erscheinen. Wichtig ist jedoch, dass Sie die Vorlieben Ihrer Gäste ein wenig kennen und das Ganze nicht in einem Sushi-Restaurant über die Bühne geht, wenn mehrheitlich Steak-Liebhaber am Tisch sitzen. Wird zum ersten Mal eingeladen, erkundigen Sie sich direkt bei den Gästen, welche Küche sie bevorzugen, oder Sie fragen in ihrem Umfeld nach. Es geht dabei insbesondere auch um Allergien, Abneigungen (Fleisch zum Beispiel) und religiöse Einschränkungen.

Laden Sie in ein Restaurant ein, das Sie kennen, und lassen Sie dort einen Tisch reservieren, der alle Bedingungen für einen erfolgreichen Anlass erfüllt: nicht neben dem Eingang oder der Toilettentür, ruhig, richtige Grösse etc. Beim Eintreffen im Restaurant gilt folgendes Prozedere:

VEGETARISMUS, VEGANISMUS UND UNVERTRÄGLICHKEITEN

Vegetarier lehnen den Verzehr von Fleisch und Fisch bewusst ab. Sie möchten keine Nahrung essen, für die ein Tier getötet wurde. Veganer vermeiden neben Fleisch und Fisch auch Milchprodukte, Eier, Honig sowie Leder, Wolle, Kosmetika und Medikamente mit tierischen Anteilen. Ferner bestehen sie darauf, dass ein Produkt ohne Tierversuche hergestellt wurde.

Menschen mit einer Nahrungsmittelunverträglichkeit dürfen gewisse Essensbestandteile nicht zu sich nehmen. Wer zum Beispiel an Laktoseintoleranz leidet, kann den mit der Nahrung aufgenommenen Milchzucker (in Quark, Käse, Joghurt, Butter, Rahm) nicht verdauen. Blähungen oder Durchfall sind die Folgen. Laktose ist auch in Broten, Würzmischungen, Wurstwaren, Fertigteigen, Speiseeis sowie Schokolade zu finden – eine einschneidende Einschränkung des Menüplans also. ■

- Der Gastgeber öffnet die Tür, die meist nach aussen schwingt.
- Die Gäste betreten als erste die Örtlichkeiten.
- Nach dem Eintritt warten die Gäste auf den Gastgeber.
- Dieser geht zum Empfang und bringt seine Reservation vor.
- Das Empfangspersonal führt die Gesellschaft zum Tisch: zuhinterst der Gastgeber. Ist dies nicht der Fall, übernimmt der Gastgeber die Führung.
- Und dann setzen sich alle hin, der Gastgeber als letzter, nachdem er der Person rechts von sich den Stuhl nachgerückt hat. Aber wo sitzt wer?

Die Sitzordnung

Dieses Thema braucht viel Fingerspitzengefühl! Obwohl es dafür einige Regeln gibt, muss der wichtigste Hinweis lauten: Machen Sie sich vorher Gedanken darüber und ergreifen Sie beim Hinsetzen die Initiative – wenn Sie viele Gästen bewirten, ist es natürlich legitim, sich einen Spickzettel anzufertigen. Lassen Sie sich bei der Tischordnung jedenfalls nicht auf dem falschen Fuss erwischen!

Die Regeln: Die Plätze richten sich nach dem Rang der Gäste. Je höher der Rang, desto näher sitzt der Gast beim Gastgeber. Die Ehrenseite ist immer die rechte (links schützt vor rechts, siehe Seite 190). Bei Geschäftsanlässen entscheidet der Rang über den Sitzplatz und nicht das Geschlecht. Von diesen Regeln kann abgewichen werden, wenn die Plätze in der Nä-

Mittleres Geschäftsessen

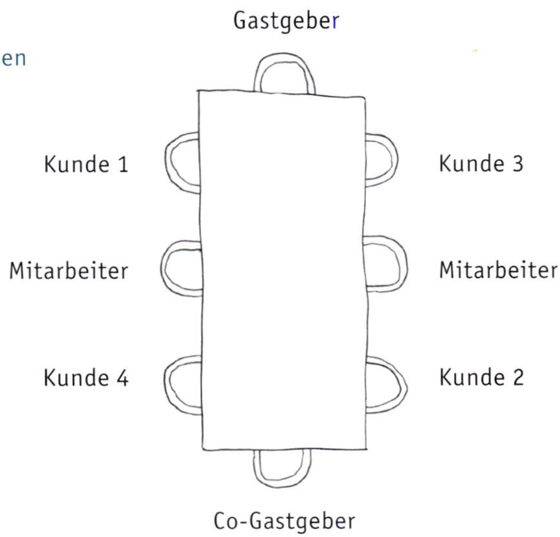

he des Gastgebers nicht opportun sind, zum Beispiel wegen einer Säule im Blickfeld. Oder wenn ausländische Gäste dabei sind und jemand die Gespräche übersetzen wird. In grösseren Runden mit mehreren Tischen sitzt ein Co-Gastgeber an jedem Tisch (mit Blickkontakt zum Haupttisch). Auch da gilt: Je weiter der Tisch vom Haupttisch entfernt, desto schlechter wird die Platzierung empfunden!

Je nach Tischform gibt es bevorzugte Plätze für den Gastgeber und den wichtigsten Gast:

- Rechteck: an der Längsseite in der Mitte
- T- oder U-Form: am Kopf
- E-Form: in der Mitte der Längsseite
- runde Tische: mit bester Sicht – Rücken zur Wand, nicht zur Tür

Grosses Geschäftsessen

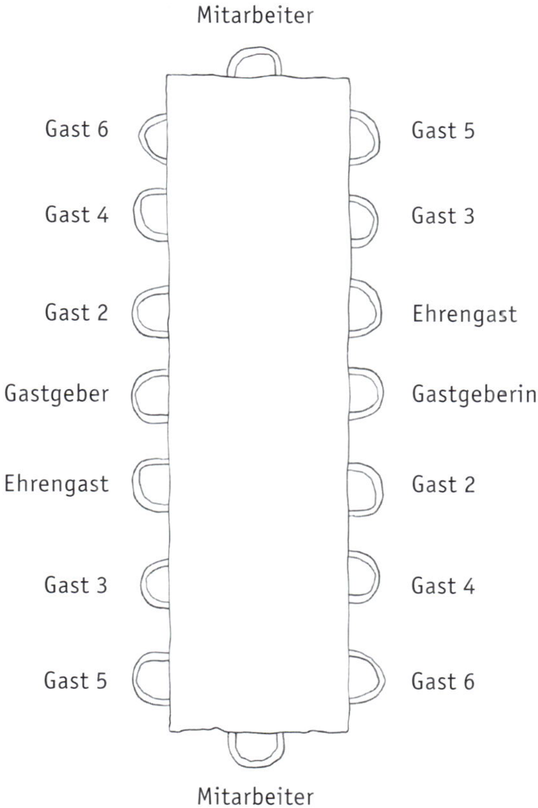

Kleines Geschäftsessen

Was möchten Sie zum Apéro?

Bietet das Servicepersonal einen Aperitif an, lassen Sie Ihre Gäste entscheiden, ob das gewünscht ist. Will niemand einen, verzichten Sie ebenfalls. Nach dem Überreichen der Menükarte herrscht eventuell beredtes Schweigen. Nicht nur, weil alle am Lesen sind, sondern auch weil sie sich fragen, ob es der flambierte Hummer sein darf oder doch eher die Forelle blau aus einer anderen (Preis-)Region. Die aufgeklärte Gastgeberin weiss um diesen Konflikt und löst ihn ganz einfach, indem sie sagt: «Die Krustentiere hier sind sehr zu empfehlen.» Oder erwähnt, dass die anderen Gäste sind und bitte das auswählen sollen, was ihnen zusagt. Dann wissen die Geladenen, dass sie freie Wahl haben, und werden sich doch hüten, das Teuerste zu wählen. Ist einmal anzunehmen.

Beim Aufnehmen der Bestellung sind Sie als Gastgeber als letzter an der Reihe. Dann geben sie auch die Weinwahl bekannt: Wer zahlt, bestimmt. Befindet sich allerdings eine ausgewiesene Weinkennerin unter den Gästen, ist es natürlich schön, ihr die Wahl zu überlassen. Oder Sie diskutieren das Thema oder lassen sich vom Weinkellner beraten. Dieser allerdings wäre froh um einen Fingerzeig bezüglich des Preises – den geben Sie, indem Sie auf einen bestimmten Wein hinweisen und fragen, ob der Kellner noch eine andere Empfehlung hat. Das löst sein Dilemma, und er wird etwas vorschlagen, das mit dem Essen und der Preisvorstellung harmoniert.

Beim Auftragen der Speisen ist zu hoffen, dass alles gleichzeitig serviert wird. Ist dies nicht der Fall, bitten Sie als Gastgeber die anderen, mit dem Essen zu beginnen. Haben Sie als Erster Ihr Essen erhalten, lassen Sie es kalt werden, ohne mit der Wimper zu zucken.

Nachgeschenkt: die Weinfrage(n)

Welcher Wein passt zu welchem Essen? Bei dieser Frage hat sich viel bewegt, man geht nicht mehr so dogmatisch an sie heran. Rotwein zu Fisch? Warum nicht, wenn er nicht zu viele Gerbstoffe enthält. Für Experimente ist ein Geschäftsessen allerdings nicht die beste Gelegenheit. Da vertrauen Sie doch besser diesem Vorgehen: von leichten zu schweren Weinen, von jungen zu alten, von weissen zu roten. Zu Suppe und Salat wird kein Wein gereicht, zu Käse eher Weisswein (Pinot Gris, Chardonnay oder Sauvignon blanc). Natürlich hat auch die Saison oder Tageszeit einen Einfluss auf die Weinwahl. Die Zeiten, in denen schwere (und sündhaft teure) Rotweine zum Lunch aufgetischt wurden, sind eher vorbei. Es wird erwartet, dass Sie den Tisch einigermassen trocken wieder verlassen!

Wie auswählen?

Die Speisen werden meist vor dem Wein ausgewählt. Das kann Sie vor ein Problem stellen: Jemand hat Fisch gewählt, eine andere Person Wild. Viele Restaurants bieten Flaschenweine auch offen an, damit lässt sich das Dilemma lösen; mit halben Flaschen ebenso. Wenn beides nicht geht, suchen Sie eventuell Koalitionen am Tisch: Zwei Flaschen vom Weisswein zur Vorspeise, den ein Gast für seinen Fischgang weitertrinkt.

VON LEICHT ZU KOMPLEX

- **Leichte, frische Weissweine:** Riesling x Sylvaner, Chasselas (Fendant), deutscher Riesling, österreichischer Grüner Veltliner, Sauvignon blanc (Sancerre, Pouilly-Fumé), Chablis 1er Cru, Pouilly-Fuissé, Verdicchio, Arneis, Vinho Verde
- **Körperreiche Weissweine:** hochwertiger Riesling und Grüner Veltliner, Federweisser, Weisswein aus Merlot (Tessin), Chardonnay (Chablis Grand Cru, Burgund, Neue Welt), Petite Arvine, Heida, Humagne Blanc, aus dem Rhône-Tal (F), Soave Classico
- **Fruchtige Rotweine:** Blauburgunder aus der Schweiz (ausser von Topproduzenten), Dôle, Beaujolais, Côtes-du-Rhône-Villages, Zinfandel/Primitivo, Vallpolicella, Barbera, Chianti (teilweise)
- **Komplexe Rotweine:** Blauburgunder aus der Schweiz von führenden Weinbauern, Bordeaux, Burgunder, Rhône-Weine, Rioja, Chianti Classico, Barolo, Brunello, Barbaresco, Merlot, Syrah, Cabernet Sauvignon

Wie wird Wein probiert?

Zuerst zeigt der Kellner die Etikette, erst nach einem anerkennenden Nicken wird er die Flasche öffnen. Jetzt kein Stress, aber auch kein Theater: schwenken, schnüffeln, probieren. Sind Sie sich nicht ganz sicher, ob der Wein einen Korkfehler hat: Den Kellner um seine Meinung bitten, das ist durchaus souverän – auch dann, wenn Sie sicher sind, dass er einen vorweist. Ein Wein mit Korken riecht nach Moder, Schimmel oder «nassem Hund» und muss ersetzt werden. Sitzt eine Kennerin unter den Gästen, dann soll doch sie den Wein degustieren – ihr wird die Geste munden.

BITTE NICHT!

Grundsätzlich gibt es zwei Arten, sich mit Wein zu beschäftigen: Entweder man trinkt und geniesst, oder man verkostet und analysiert. Wer Letzteres bei einem Geschäftsessen allzu sehr zelebriert und sich als Connaisseur ausweisen will, macht sich schnell unbeliebt. Dann ernsthaft von Abgängen (unharmonisch), Körpermerkmalen (anschmiegsam) zu sprechen und Namen in fehlerhafter Aussprache zu verwenden, das vermag andere nur bedingt zu berauschen. Wenn Kunden das tun, ist das natürlich etwas anderes: Es wird geschluckt!

Während des Essens

Nach dem Bestellen legt das Servicepersonal das Gedeck für die verschiedenen Gänge auf. Dieses wird später von aussen nach innen benutzt, Gang für Gang. Oberhalb der Serviette liegt das Besteck für das Dessert. Und links oberhalb der Gabeln befindet sich eventuell ein Brotteller (siehe auch das Grand Couvert auf Seite 222).

Für mehr als vier Gänge (inklusive Dessert) wird nicht aufgedeckt. Weiteres Besteck würde allenfalls später hinzugefügt. Jeweils eine Einheit mit Messer und Gabel wird für einen Gang verwendet – ein Suppenlöffel hätte natürlich kein Pendant auf der linken Gedeckseite.

Prost allerseits und guten Appetit

Beginnen Sie in Gesellschaft nie allein zu trinken. Als Gastgeber ergreifen Sie die Initiative und sprechen einen kurzen Toast oder Willkommens-

gruss aus. Wasser dürfen alle natürlich vorher schon trinken. In einer Runde von vier bis sechs Personen ist es fast immer üblich, mit den Gläsern anzustossen. Da will sich der Schweizer Knigge nicht als Spielverderber zeigen: Sie stossen mit Ihren unmittelbaren Sitznachbarn an und maximal mit drei Personen gegenüber. Bei mehr als sechs Personen am Tisch wird es problematisch, weil das Sich-über-den-Tisch-Beugen, Ausweichen, Niemanden-Vergessen immer etwas Bemühtes und Kompliziertes hat. Besser, dass Sie als Gastgeber das Glas erheben, etwas Passendes sagen, in die Runde blicken und einen Schluck trinken. Ohne, dass es dabei zum Gläserkontakt kommt oder man aufstehen muss. Blickkontakt zu allen ist bei diesem Ritual wichtig. Gibts ein Anstossen mit Gläserklingen, so geschieht das mit Weingläsern. Solche, die mit Champagner, Bier, Hochprozentigem oder Wasser gefüllt sind, werden im gepflegten Rahmen lediglich angehoben.

Ist der erste Gang einmal aufgetragen, werden wohl die meisten Zeitgenossen – ob als Geschäftsleute oder privat – einander «en Guete» wünschen wollen. Bei sehr offiziellen Essen, beim Bankett wie auch bei der Inangriffnahme des zweiten Gangs ist das allerdings unüblich. Ein Nicken kanns auch tun, was meinen Sie?

Kurze Zwischenfrage: Mit vollem Mund verhandeln?

Bei einem Geschäftsessen stellt sich einem immer wieder das Problem: Small Talk oder Geschäftliches besprechen? Ab welchem Zeitpunkt darf man auch Strittiges erörtern?

Der Rat lautet: Warten Sie damit bis zum Dessert. Während des Essens gibt es einfach zu wenige Gelegenheiten, wirklich Wichtiges zu besprechen. Zusätzlich lenken Speisefolge und Servicepersonal ab. Und der Blickkontakt geht verloren, wenn Sie sich auf esstechnische Probleme konzentrieren müssen. Das könnte schnell ein Desinteresse an der Unterhaltung signalisieren. Zusätzlicher Tipp also: lieber Risotto statt Spaghetti, Entrecôte statt Forelle blau. Grundsatz: Entweder man redet oder man isst. Beides zur gleichen Zeit ist hindernisreich. Wollen Sie also von Anfang an über Geschäftliches sprechen, deklarieren Sie den Termin als Arbeitsessen. Dann ist die Sache beim Namen genannt.

FEHLT ETWAS?

Sollten Sie trotz der Regel «von aussen nach innen» einmal falsches Besteck verwendet haben, wird das aufmerksame Servicepersonal dies schnell bemerken und Fehlendes für den nächsten Gang ergänzen. So diskret wie möglich hoffentlich – allerdings kann das in der Hitze des Gefechts einmal übersehen werden, und dann tun Sie gut daran, ohne Aufhebens darauf hinzuweisen.

Service! Herr Ober!

Ein delikates Thema: die Ansprache des Servicepersonals. Das «Fräulein!» ist mittlerweile gegessen. Auch: «Bedienung bitte!», «Service!» oder Ähnliches gelten heute als sozial auffällig. Dagegen haben den Test der Zeit bestanden: ein diskretes Handzeichen mit der Suche nach Blickkontakt. Hat die Serviceperson ein Namensschild, dürfen Sie sie selbstverständlich mit Namen ansprechen: «Frau Messerli, bitte?» Alles andere bleibt ausser Betracht und wäre ausgekochter Benimmprofis unwürdig.

Nicht geniessbar?

Reklamationen sind für alle Seiten ein Ärgernis und können beim Geschäftsessen schnell einmal für schlechte Stimmung sorgen. Betrifft das Problem nur Sie selber, werden Sie das Haar in der Suppe schlucken müssen. Aus den gleichen Gründen werden auch die Gäste auf gepfefferte Kommentare verzichten wollen. Ein Geschäftsessen ist einfach nicht die richtige Gelegenheit, den Connaisseur zu geben. Das Pièce de résistance bilden andere Gesprächsthemen. Nur grobe Schnitzer aus der Küche brauchen nicht kommentarlos geschluckt werden. Eine falsche Cuisson des Fleisches gehört nicht dazu, ein pochierter Fisch im Rohzustand jedoch schon.

Die Rechnung bitte
Das Essen mit nachgereichter Rechnung später zu bezahlen, ist natürlich die noble Variante, ausser Sichtweite der Gäste oder mit Kreditkarte die zweitbeste. Ein Notenberg dagegen wirkt etwas vulgär.

Trinkgeld gibt es auch: grosszügiges Aufrunden, wenn es ein Zweiertisch war, 20 Franken mindestens bei einer grösseren Runde, bei mehr als einer Handvoll Gäste auch mehr.

«Und, hats geschmeckt?», wie reagieren Sie auf diese Frage, besonders wenn Ihnen nicht alles gemundet hat? Ungünstig ist, sich in eine Diskussion verwickeln zu lassen und dadurch die Gäste in Verlegenheit zu bringen. Meist ist es deshalb besser, die Frage zu bejahen, selbst wenn das ein wenig schwer verdaulich ist. Setzen Sie Prioritäten.

Und der Abschied?

Sie geleiten Ihre Gäste zum Ausgang, diese können diesmal ruhig vorangehen, sie kennen ja die Örtlichkeiten mittlerweile. Sie halten wiederum die Tür auf, verabschieden sich von ihnen oder begleiten sie zu ihrem Auto – was natürlich als besonders wertschätzend empfunden wird.

Wenn alles reibungslos funktioniert hat, zeigen Sie, dass man sich auf Sie verlassen kann, dass Sie die Details genauso pflegen wie das Gesamtbild. Bewahren Sie bei Pannen Haltung und Humor. Damit geben Sie den Gästen zu verstehen, dass Sie ein verlässlicher Partner, eine vertrauenswürdige Partnerin sind und auch schwierige Situationen bewältigen können.

Vom Umgang mit ausländischen Kunden

Interkulturelle Kompetenz ist in einer sich globalisierenden Arbeitswelt wichtiger denn je. Soft Skills sind gefragt und Kenntnisse landestypischer Höflichkeiten und Umgangsformen. Das Kapitel zeigt ein paar Besonderheiten im Kontakt mit ausländischen Geschäftsleuten auf. Als Schweizer Gastgeber von Menschen aus anderen Kulturen wichtig: Sie müssen hiesige Gepflogenheiten mit denjenigen aus der anderen Erdregion verbinden. Das verlangt einiges an Fingerspitzengefühl. Ready for action?

Sie brauchen sich nicht chinesischer zu verhalten als Chinesinnen und Chinesen, sondern müssen im Wissen um deren Eigenheiten etwas weniger schweizerisch sein! Gesunder Menschenverstand und Empathie sind Ihre Leitmotive. Wenn davon viel zu spüren ist, wird man auch nachsichtiger sein, falls Sie doch ein interkulturelles Fettnäpfchen bemühen sollten.

Religion und Essgewohnheiten

Unsere westliche Welt ist zwar durch das Christentum geprägt, Kirche und Staat sind aber getrennt. In anderen Regionen der Welt hat die Religion einen viel grösseren Einfluss und bestimmt das Leben auf vielfältige Weise, zum Beispiel bezüglich des Essens und Trinkens. Das Wort Alkohol stammt ursprünglich aus dem Arabischen, vielerorts ist dort sein Konsum jedoch streng geregelt und teilweise sogar verboten.

Ein Geschäftsessen mit einer muslimischen Kundin, bei dem es Schweinefleisch gibt, ist undenkbar. Denn Schweine sind Allesfresser und gelten in der arabischen Welt als unrein. Auch die jüdische Religion kennt strenge Regeln: Orthodoxe Juden leben nach den Gesetzen des «Tanach» und essen keine Mahlzeiten, bei denen Milchprodukte und Fleisch in Berührung gekommen sind. Fleisch essen sie nur von wiederkäuenden Tieren mit gespaltenen Hufen wie Rind, Lamm oder Ziege. Sich nicht an solche Regeln zu halten, würde den persönlichen und geschäftlichen Erfolg nur belasten.

Denkbar ist allerdings, dass Sie gewisse Gäste in ein typisches Schweizer Restaurant ausführen und sie ein Fondue essen lassen! Einige erwarten das sogar und freuen sich darauf. Erkundigen Sie sich vorher bei Ihren Geschäftspartnern. Gute Restaurants dieser Sorte wissen dann auch sehr genau, was ausländische Gemüter und Mägen erwarten bzw. vertragen. Das kann in vielerlei Beziehung sehr amüsant werden ...

Tischmanieren

Die Chancen sind gross, dass ausländische Gäste sich auch ein wenig über Schweizer Verhältnisse informiert haben. Doch seien Sie bei Menschen aus Japan oder China nicht allzu schockiert, wenn beim Essen geschmatzt und gerülpst wird. Das ist kein Mangel an Zivilisiertheit, ganz im Gegenteil: Durch diese Geräusche wird dem Gastgeber signalisiert, dass etwas besonders gut schmeckt. Sie allerdings fangen während dieses Essens nicht auch damit an, das wäre unhöflich. Informieren Sie sich über die Gepflogenheiten länderspezifisch, beispielsweise bei Botschaften oder in Fachbüchern. Und seien Sie grosszügig und offenherzig!

Kommt Ihnen spanisch vor?

Bei allen Unterschieden der Kulturen: Das Leitmotiv der Wertschätzung wird überall verstanden, bloss wird der Begriff lokal unterschiedlich interpretiert. Zwar gelten bei Umgangsformen immer diejenigen des Gastlands, dennoch wollen Sie, dass sich Ihre Gäste wohlfühlen und einen unbeschwerten Aufenthalt erleben. Im Zweifelsfall fragen Sie nach oder beobachten. Auch beim Zusammenstellen von Ausflugsprogrammen oder Shopping-Touren für ausländische Kunden werden Sie sich an den vorgebrachten Wünschen orientieren, das gebietet Ihnen das Verständnis eines Gastgebers.

Pünktlichkeit

Darüber gibt es auf dem Erdball unterschiedliche Auffassungen. Von Schweizern jedoch wird allgemein erwartet – und sogar verlangt –, dass sie pünktlich sind. Seien Sie es also und bleiben Sie tolerant, wenn andere es nicht sind. Eine Verspätung bedeutet nicht, dass der Termin als unwichtig erachtet wird, sondern dass die Pünktlichkeit von anderer Definition ist. Im asiatischen Raum allerdings gilt Zuspätkommen als Affront, da setzen Schweizer Uhren den Takt!

Begrüssung

Während es hierzulande üblich ist, den Gast mit Handschlag zu begrüssen, ist das in England und den USA weniger der Fall. Unter russischen Männern ist die Hand ebenfalls Usus, nicht aber gegenüber einer Frau. Sie sehen, interkulturelle Kommunikation kann verwirrend sein, eigene Vorstellungen von Höflichkeit werden immer wieder herausgefordert. Da Sie sich auf Schweizer Boden befinden, müssen Sie situativ handeln und sollten keine Verärgerung zeigen, wenn die Dinge sich anders als gewohnt präsentieren!

Japanische Geschäftspartner tauschen bei der Begrüssung Visitenkarten aus. Wenn mehrere Personen anwesend sind, ist es wichtig zu merken, wer welchen Rang innehat – und anschliessend, wer welcher Karte zuzuordnen ist: verschiedene Jacketttaschen verwenden! Wie auch bei uns: Die Karte direkt nach Erhalt ohne Draufschauen wegzustecken, gilt als respektlos. Sie wird immer mit beiden Händen und mit einer leichten Verbeugung gereicht.

Fast überall auf der Welt, ausser in Südamerika, gelten Körperberührungen, die über das Händeschütteln hinausgehen, als ungebührlich und werden rasant schnell mit sexueller Belästigung gleichgesetzt! Auch die Toleranzgrenze für Zotiges und politische Unkorrektheiten ist fast überall schneller überschritten, als einem vielleicht bewusst ist. Bitte seien Sie vorsichtig bei diesen Themen!

Sprachliches

Dass Sie Thailändisch, Finnisch oder Türkisch sprechen, wird nicht erwartet. Ein paar Worte in der entsprechenden Sprache zeigen jedoch eine gewisse Wertschätzung – und bieten auch Themen fürs Gespräch. Beispiel: Fragen Sie doch gegen Ende eines ausgelassenen Essens Ihr Gegenüber, welche Geräusche ein Hund macht, wenn er bellt. Die Buchstabenfolge ist in jedem Land ganz anders und gibt viel Stoff zum Lachen her!

In vielen Fällen sind Geschäftspartner freudig überrascht, wenn sie auf fremdem Boden in ihrer Sprache begrüsst werden. Versichern Sie sich jedoch, dass Ihre Aussprache korrekt ist! Ein oft zitiertes Beispiel ist in diesem Zusammenhang das chinesische Wort «ma», das je nach Aussprache verschiedene Bedeutungen haben kann: Hanf, Mutter, Pferd und noch weitere.

Auch ist das Nein ein nicht überall so gebräuchliches Wort wie bei uns. Im asiatischen Raum wird es nicht gebraucht, sondern umschrieben: Man entschuldigt sich stattdessen und bedauert, dass man zwar sehr geehrt sei, das grosszügige Angebot jedoch nicht annehmen könne.

In den USA wiederum wird dem «How are you?» nur wenig Bedeutung beigemessen, es ist eine Floskel und wird meist nur mit «fine» kommentiert; längere Ausführungen über die eigene Befindlichkeit würden Befremden wecken. Auch «let's have dinner» ist ohne präzise Terminangabe von geringer Bedeutung. Sie können sich nicht darauf berufen, wenn Sie später anrufen.

NAMASTÉ

Sympathisch, wenn Sie gebräuchliche Wendungen wie «Willkommen/Grüezi», «Danke» oder «auf Wiedersehen» in der Landessprache Ihrer Gäste anzuwenden wissen. Und diese auch noch korrekt aussprechen! Mit einem «Namasté» bringen Sie jedenfalls indisches Eis schneller zum Schmelzen als die dort herrschenden Temperaturen.

Anhang

Wirtschaftslektüre: «Denn wovon lebt der Mensch?»

Weiterführende Links

Literatur

Korrekt eingedeckt: das Grand Couvert

Wirtschaftslektüre: «Denn wovon lebt der Mensch?»

Der Mensch zwischen Kapitalismus, Konsum und Kommerz hat immer wieder grossartigen Stoff für Literatur hergegeben. Ein paar Büchertipps, wie eine Lunchpause, der Feierabend oder eine Flugreise zum nächsten Meeting auch noch zu überbrücken wären. Lesevergnügen, bei denen die Arbeit – zum Glück – für einmal zu kurz kommt.

Max Barry: Der Mensch als Kostenfaktor

Jones ist der neuste Angestellte in der Abteilung Schulungsverkauf bei «Zephyr» und reichlich verwundert, als er feststellt, dass die von ihm verkauften Schulungen nur interne sind und dass ihm keiner sagen kann, in welcher Branche die Firma eigentlich tätig ist. Das interessiert aber auch niemanden, denn viel wichtiger ist, wessen Job gerade auf der Kippe steht oder wer den fehlenden Donut beim letzten Imbiss genommen hat. Dann macht Jones eine verblüffende Entdeckung.

Wer von seiner Arbeitssituation frustriert ist, womöglich in einem international agierenden, börsenkotierten Konzern arbeitet und glaubt, es könne nicht mehr schlimmer kommen, sollte dieses Buch lesen – er oder sie wird eines Besseren belehrt.
Max Barry: Chefsache. Heyne-Verlag, 398 Seiten

Larissa Boehning: Was ist wahr – und ist das überhaupt wichtig?

Zu Beginn scheint das Buch von der Liebesgeschichte zwischen einer jungen Texterin und ihrem Nachbarn zu handeln. Nach und nach öffnen sich allerdings Falltüren, denn es entwickelt sich eine spannende Dreieckskonstellation, indem eine reiche, ältere Witwe auftaucht. Schnell wird unklar, welche der Figuren worüber und warum die Wahrheit sagen. Oder eben nicht.

Ein literarisches Buch über die Welt der Werbung, über Lüge und Betrug, Hochstapelei und Selbsttäuschung.
Larissa Boehning: Nichts davon stimmt, aber alles ist wahr. Galiani-Verlag, 320 Seiten

Jonathan Franzen: Der grosse Gesellschaftsroman

Der Autor erzählt in «Die Korrekturen» von einer ganz normalen amerikanischen Familie. Mit einer Fülle banaler, desillusionierender, zum Teil tragikomischer Geschichten veranschaulicht er die ungestillte Sehnsucht nach familiärer Harmonie, deckt die Lebenslügen seiner Figuren auf, zeigt ihre Angst, Unsicherheit und Orientierungslosigkeit. Wir erleben den alltäglichen interfamiliären Psychoterror und die missglückten Versuche der Familienmitglieder, ihre Lebensverhältnisse zu korrigieren. Zugleich hält Franzen der modernen Gesellschaft den Spiegel vor: sexuelle Orientierungslosigkeit, die Gier nach dem grossen Geld, Aktienspekulationen, Insidergeschäfte, Wirtschaftskriminalität, Geschäftemacherei mit biotechnischen Patenten, Drogenkonsum, Todesstrafe.

Intelligente, fulminante Erzählliteratur – das Buch fand bei Kritik und Publikum grossen Anklang.
Jonathan Franzen: Die Korrekturen. Rowohlt-Verlag, 784 Seiten

Joseph Finder: Auf schiefer Bahn nach oben

Jason Steadman ist der Inbegriff des lieben Kollegen. Alle mögen den intelligenten, gut aussehenden Mitarbeiter, der beste Voraussetzungen hat, Karriere in der Firma zu machen. Doch etwas fehlt ihm zum grossen Sprung nach oben: der Killerinstinkt. Da kommt der im Irakkrieg erprobte Ex-Marine Kurt Semko gerade richtig. Er bietet Steadman einen Job im Sicherheitsdienst an. Plötzlich sind alle Hindernisse aus dem Weg geräumt, und alle Rivalen bleiben auf der Strecke.

Kurzweiliger und spannender Wirtschaftsthriller.
Joseph Finder: Der Masterplan. Heyne-Verlag, 480 Seiten

Jürgen Fuchs: Es war einmal...

Märchen sind Geschichten, die das Leben beschreiben. Sie reduzieren Komplexität und bringen die Dinge auf den Punkt. Mit einem Schmunzeln beleuchtet der Autor in seinen Märchen den alltäglichen Sinn oder Wahnsinn von und mit Führungskräften. Dabei schildert er knapp Situationen, die zum Vor- und Nach-Denken anregen. Die «Gute-Nacht-Geschichten» zeigen uns Wirtschaft und Arbeitswelt in einem anderen Licht: Was passiert beispielsweise, wenn Abteilungen sich abteilen und wenn Kunden plötzlich kundig werden? Oder was bedeutet eigentlich «Angestellter»?

Auszug: «An dem Fliessband in der Fabrik gab es die ‹Stelle› für jeden Arbeiter. An diesen Stellen wurde der Mensch morgens angestellt und abends wieder abgestellt. Dazwischen passte der Chef auf, dass er ja nichts anstellt.»

Jürgen Fuchs: Das Märchenbuch für Manager. Deutscher Taschenbuch Verlag, 224 Seiten

Robert Harris: Unkontrollierbar

Im Roman entwickelt ein Naturwissenschaftler eine Software, die präzise voraussagen kann, wie sich die Finanzmärkte verhalten werden. Und tatsächlich: Sein Hedge-Fonds verdient zuerst Milliarden, dann gerät das Programm jedoch ausser Kontrolle. Aktien, Firmen und Investoren werden in den Strudel gerissen.

Das Buch basiert auf einem Vorfall im Mai 2010, als binnen weniger Stunden Börsenwerte von über 325 Milliarden Dollar vernichtet wurden, ausgelöst durch den modernen Hochfrequenzhandel. Unterhaltungsliteratur mit Wirtschaftshintergrund.

Robert Harris: Angst. Heyne-Verlag, 384 Seiten

Bohum Hrabal: Am Erfolg wachsen?

Der aus ärmlichen Verhältnissen stammende, kleinwüchsige Protagonist erzählt, wie er in einem Prager Hotel zu arbeiten anfängt und bald glaubt, begriffen zu haben, worauf es im Leben ankommt. Er beschliesst deshalb, Millionär zu werden. Von Hotel zu Hotel arbeitet er sich hoch. Den schönen Schein, den mag er, und alles, was ihn ein paar Zentimeter grösser macht.

Ein Schelmenroman, in dem Klamauk und Poesie sehr eng verknüpft sind, denn man weiss nie genau, ob die Figur unglaublich naiv oder sehr intelligent ist. Tolles Lesevergnügen.
Bohum Hrabal: Ich habe den englischen König bedient. Suhrkamp-Verlag, 300 Seiten

Ian McEwan: Satire auf den Wissenschaftsbetrieb

Michael Beard ist Physiker und Frauenheld. Er hat den Nobelpreis erhalten, doch ist er alles andere als nobel: Im Beruf ruht er sich auf seinen Lorbeeren aus, privat hält es ihn auf Dauer bei keiner Frau. Bis die geniale Idee eines Rivalen für Zündstoff in seinem Leben sorgt. In diesem Roman geht es nicht nur um Sonnen-, sondern auch um kriminelle Energie. Der Mensch führt den Untergang der Welt herbei: durch seine Gier, seinen Egoismus, seine Ignoranz und seine nicht nachlassende Bereitschaft, Ausreden für die eigene radikale Unvernunft zu finden.

Witzig, komisch und das Thema «Klimawandel» intelligent umsetzend.
Ian McEwan: Solar. Diogenes-Verlag, 405 Seiten

Thomas Mann: Nobelpreis für den grossen Familienroman

Der Niedergang der hoch angesehenen Kaufmannsfamilie aus Lübeck, der sich über vier Generationen zieht, bietet auch heute noch viel Anschauungsmaterial. Der Erzähler spinnt seine Geschichte um grössere und kleine Betrügereien, risikoreiche Spekulationsgeschäfte, gefälschte Geschäftsberichte, Hochmut, Standesdünkel, Herrenabende und die körperliche Ermattung eines erst 42-jährigen Familien- und Geschäftsmanns.

Alles Gründe und Abgründe, die einem bekannt vorkommen: Ermattung heisst heute Burn-out, Herrenabende sind Lustreisen und Spekulationsgeschäfte kennt man von der Finanz- und Euro-Krise.
Thomas Mann: Buddenbrooks. Verfall einer Familie. S. Fischer Verlag, 768 Seiten

Gerhard Nagel: Tagebuch einer Umstrukturierung

Der Autor lässt den Leser in das (fiktive) Leben eines Change-Managers eintauchen. Von der ersten bis zur letzten Seite spannend geschrieben, zeigt dieses Buch, welche Klippen ein Fachmann zu umschiffen hat und welche methodischen Mittel er einsetzen kann, um letztlich erfolgreich zu sein. Man schwitzt, hofft und fürchtet mit dem Helden, der eine alteingesessene Druckerei in die Zukunft führen muss.

Gelungen ist zudem der Methodikteil am Ende, in dem wesentliche Aspekte des Change-Management dargestellt werden. Schön auch die Notizen des Unternehmensberaters am Textrand, die die jeweilige Si-

tuation kommentieren, zum Nachdenken anregen und auf wesentliche Punkte aufmerksam machen. Besser kann ein Buch über dieses Thema nicht geschrieben sein.
Gerhard Nagel: Wagnis Führung. Hanser-Fachverlag, 323 Seiten

Davis Nicholls: Das Leben als Reihe verpasster Chancen

Emma und Dexter schlafen in der Nacht auf den 15. Juli 1988 miteinander. Wo werden sie genau an diesem Tag ein Jahr und viele Jahre darauf stehen? Der Autor lässt einen rund 20 Jahre lang teilhaben am Leben der beiden, die eigentlich zusammengehören, das auch spüren, aber es erst viel zu spät realisieren.

Intelligent, einfühlsam und mit sicher gesetzten Pointen berichtet Nicholls vom Beginn der Privatradiosender, vom Aufkommen der Comedians, vom Irrsinn verzweifelter Casanovas, von gnadenlos hohlen Karrierefrauen und vom Politgebaren linker Jungaktivisten. Tragikomisch und sehr bewegend geschrieben.
David Nicholls: Zwei an einem Tag. Verlag Kein & Aber, 543 Seiten

Fernando Pessoa: Sarkastisches Spiel mit der Logik

Nach einem Abendessen im Hause eines erfolgreichen Bankiers fragt diesen der geladene Gast, ob es der Wahrheit entspreche, dass er früher Anarchist gewesen sei. Der Bankier entgegnet, er sei es noch immer. Im Anschluss folgt ein weitgehend als Monolog der Hauptfigur geführtes Gespräch. Darin legt der Bankier dem verwunderten Gast dar, warum er als überzeugter Anarchist gezwungen sei, zu Reichtum zu kommen.

Die logisch aufeinander aufbauenden Argumente sind vordergründig nur auf das Ziel gerichtet, eine herrschaftsfreie Gesellschaft zu erreichen. Tatsächlich aber stellt Pessoas Erzählung eine Kritik sowohl des bedingungslosen Kapitalismus als auch seiner fanatisierten Gegner dar.
Fernando Pessoa: Ein anarchistischer Bankier. Verlag Klaus Wagenbach, 89 Seiten

Ernst Soler: Dubiose Geschäftspraktiken

Drei ermordete Schweizer Treuhänder ohne Kopf, an den Tatorten rätselhafte orangefarbene Graffiti und ein weiterer Finanzakrobat, der seinen Kopf noch fest auf den Schultern trägt – Hauptmann Fred Staub von der Zürcher Kantonspolizei erkennt, dass er die Graffiti-Botschaften entschlüsseln muss, um das Leben des vierten Mannes zu retten. Ein Wettlauf mit der Zeit beginnt …

Der zweite von vier Krimis des leider viel zu früh verstorben Schriftstellers aus der Limmatstadt.

Ernst Soler: Staub im Wasser. Grafit-Verlag, 222 Seiten

Martin Suter: Bürodramen in Kurzform

Die Dramen spielen auf dem glatten Parkett der Chefetagen, im Dschungel des mittleren Managements, in der Welt der ausgebrannten niederen Chargen; sie beschreiben Eitelkeiten, Intrigen und Ängste einer stressgeplagten Zunft. Und wer kennt sie nicht, die alltäglichen Rituale des Machterhalts: lustvolle Hackordnung und erfindungsreicher Kampf um Statussymbole, Frust, der sich perpetuiert – bis ins häusliche Schlafzimmer.

Als ehemaliger Werber kennt Martin Suter das Milieu, das er beschreibt, sehr gut. Seine Geschichten mit ihren scharfen, subtilen Beobachtungen sind nicht nur glänzend geschriebene Satire, sie lesen sich

geradezu wie ein Knigge für Führungskräfte: Faktor Stress – für wen ist er ein Muss, für wen dagegen tabu? Die Einrichtung eines Chefzimmers als Wille zur Macht. Die Rituale des Grüssens und was man dabei alles falsch machen kann. Eine gastgeberisch geschulte Ehefrau als möglicherweise entscheidende Waffe im Kampf gegen einen Konkurrenten.
Martin Suter: Business Class. Diogenes-Verlag, 240 Seiten.

Martin Walser: Im Wirtschaftswunderland

Deutschland in den 50er-Jahren, die Wirtschaftsmotoren sind wieder am Brummen, jeder möchte, bitteschön, nach oben. Walser beschreibt den Weg der im Privaten so kläglich Gescheiterten, die unbeirrt, den gesellschaftlichen Gipfel vor Augen, auf den Abgrund zusteuern – als Opfer ihrer eigenen Gefühlskälte und des nüchternen Materialismus. Er zeigt den moralischen Verfall einer Gesellschaft, die sich doch gerade erst im Aufbau befunden hat.

Auch heute noch ein wichtiges Buch, das wenig von der Aktualität eingebüsst hat, die es auszeichnete, als es 1957 als Walsers erstes Werk erschien.
Martin Walser: Ehen in Philippsburg. Suhrkamp-Verlag, 352 Seiten

Uwe Timm: Karriere eines Schwindlers

Peter Walter, des millionenschweren Betrugs mit Warentermingeschäften angeklagt, hat sich mit Frau und Tochter an die spanische Costa del Sol abgesetzt. Hier hat er Zeit, seinen Hobbys zu frönen und sein Leben Revue passieren zu lassen. Vom Fassadenputzer zum Broker und Geschäftsführer einer eigenen Anlagefirma hat es der Sohn einer Hamburger Friseuse und vieler Väter gebracht. Abonnentenwerber und Drücker war er, bevor er einem Headhunter in die Finger geriet und sein nobles Büro in Hamburg bezog. Die Geschichte seines rasanten Aufstiegs wird zum Zustandsbericht aus dem «Inneren Deutschlands».

Ein etwas älteres, aber immer noch aktuelles Buch eines grossen Schriftstellers.
Uwe Timm: Kopfjäger. Kiepenheuer & Witsch, 432 Seiten.

Tom Wolfe: Testosteron in Nadelstreifen

Der Immobilientycoon und Südstaatenmacho Charlie Croker hat sich mit einem eitlen Bauprojekt, das seinen Namen trägt, verspekuliert und steht kurz vor dem wirtschaftlichen und gesellschaftlichen Ruin. Der ausgefuchste schwarze Bürgermeister der Stadt Atlanta setzt einen schwarzen Anwalt auf ihn an. Dieser soll Charlie dazu überreden, in einer hochbrisanten Angelegenheit gegen einen seiner Kumpel und ebenso mächtigen Geschäftsmann öffentlich Stellung zu beziehen. Als Gegenleistung verspricht man Charlie, seine völlige Enteignung durch die Bank zu verhindern.

Die ersten 100 Seiten des Buchs sind vielleicht die besten, die je zum Thema Sitzungen geschrieben wurden!
Tom Wolfe: Ein ganzer Kerl. Kindler-Verlag, 925 Seiten

Emile Zola: Bösewichte im 19. Jahrhundert

Aristide Saccard, die Hauptfigur, gründet eine Bank, die Bauvorhaben im Nahen Osten finanziert. Argument: Jerusalem für die Christenheit zurückgewinnen. Die Idee beflügelt die Fantasie der Investoren, Saccard aber kauft und betrügt, kauft und betrügt – bis er gezwungen wird, seine eigenen Aktien zu kaufen, und die Bank einer anderen, grösseren Spekulation zum Opfer fällt, während er selbst an einem anderen Ort, in einem anderen Land neuen Geschäften nachgeht.

Auszug: «Oh, verstehen wir uns recht, er liebt das Geld nicht wie ein Geizhals, der einen grossen Haufen davon haben und in seinem Keller verstecken will. Nein! Wenn es nach seinem Willen überall hervorsprudeln soll, wenn er es aus jedweder Quelle schöpft, so weil er sehen möchte, wie es ihm in Strömen zufliesst, und wegen all der Genüsse, die es ihm verschafft: Luxus, Vergnügen, Macht… Was wollen Sie, das liegt ihm im Blut.»
Emile Zola: Das Geld. Insel-Verlag, 554 Seiten

Weiterführende Links

Benimm, Stil und mehr

www.beobachter.ch/business-knigge
Online-Test zur Überprüfung des eigenen Auftretens und weitere Informationen, auch zu internationalen Business-Regeln

blog.tagesanzeiger.ch/berufung
Der Blog bietet interessante Einblicke in die Arbeitswelt; mit diversen Interviews mit und Porträts von Macherinnen und Machern.

www.esquire.com/style/
Portal des gleichnamigen amerikanischen Magazins, das Stil- und Lebensfragen unterhaltsam aufbereitet.

www.eventbutler.ch
Ein Businessevent in der Schweiz organisieren? Hier gibts Ideen.

www.gentleman-blog.de
Ein Blog rund um Mode, Manieren, Genuss und Lebensart. Durchaus amüsant und sogar brauchbar.

www.knigge-rat.de
Hier lassen sich die wichtigsten Themen nachlesen. Praxisnah und informativ.

www.nzz.ch/meinung/blogs/
Verschiedene Blogs mit zum Teil sehr untypischen NZZ-Themen. Interessant und mit vielen Blicken über den Tellerrand.

www.rhetorik.ch
Alphabetisch geordnete Site mit wichtigen Fachartikeln zu Themen der Arbeitswelt. Umfassend und praxisgerecht.

www.stil.de
Noch eine Knigge-Site. Etwas bunt, aber die Informationen stimmen. Bei den Details allerdings machen wir Schweizer manches etwas anders.

Weitere Themen der Arbeitswelt

www.arbeitsbedingungen.ch
Website des Staatssekretariats für Wirtschaft (Seco) mit wirtschaftsrelevanten Informationen und Ratschlägen.

www.bilanz.ch
Das Schweizer Wirtschaftsportal, mit Recherchen über Unternehmen, Analysen zur Konjunktur und vielen weiteren Wirtschaftsthemen.

www.bpw.ch
Business and Professional Women (BPW), der in der Schweiz wie auch weltweit bedeutendste Verband berufstätiger Frauen.

www.handelszeitung.ch
Die führende Schweizer Wirtschaftszeitung für Unternehmen und Management.

www.karrierebibel.de
Eine gut gemachte und mit viel Hintergrundwissen verfasste Website aus Deutschland. Empfehlenswert.

www.kmuratgeber.ch
Fachartikel und Checklisten zum Downloaden. Kompetent und umfangreich.

www.marketing.ch
Grosse Datenbank mit vielen Statistiken zu marketingrelevanten Themen.

www.mobbing-beratungsstelle.ch
Die führende Beratungsstelle der deutschsprachigen Schweiz.

www.organisator.ch
Noch eine gute Website mit Informationen und Checklisten zu Themen, die auch in diesem Buch zur Sprache kommen.

www.sko.ch
Das Kompetenzzentrum für die Führungskräfte der Schweiz. Mit vielen Veranstaltungshinweisen und Newsportal.

Literatur

Beobachter-Ratgeber

Baumgartner Gabriela: **Besser schreiben im Business.** Aktuelle Tipps und Vorlagen für den Geschäftsalltag. 2. Auflage, Beobachter-Edition, Zürich 2013

Baumgartner, Gabriela; Bräunlich Keller, Irmtraud: **Fair qualifiziert?** Mitarbeitergespräche, Arbeitszeugnisse, Referenzen. Beobachter-Edition, Zürich 2012

Blansjaar, Katharina: **Ganz mein Stil.** Was Frauen über gutes Aussehen wissen wollen. 2. Auflage, Beobachter-Edition, Zürich 2014

Bräunlich Keller, Irmtraud: **Arbeitsrecht.** Vom Vertrag bis zur Kündigung. 12. Auflage, Beobachter-Edition, Zürich 2013

Bräunlich Keller, Irmtraud: **Mobbing – so nicht!** Wie Sie sich gegen Schikanen am Arbeitsplatz wehren. 2. Auflage, Beobachter-Edition, Zürich 2011

Haas, Esther; Wirz, Toni: **Mediation – Konflikte besser lösen.** 4. Auflage, Beobachter-Edition, Zürich 2015

Heini, Claude; Bräunlich Keller, Irmtraud: **Plötzlich Chef.** Souverän in der neuen Führungsrolle. Beobachter-Edition, Zürich 2015

Rohr, Patrick: **Erfolgreich präsent in den Medien.** Clever kommunizieren als Unternehmen, Verein, Behörde. Beobachter-Edition, Zürich 2011

Rohr, Patrick: **Reden wie ein Profi.** Selbstsicher auftreten – im Beruf, privat, in der Öffentlichkeit. 3. Auflage, Beobachter-Edition, Zürich 2010

Rohr, Patrick: **So meistern Sie jedes Gespräch.** Mutig und souverän argumentieren, im Beruf und privat. 3. Auflage, Beobachter-Edition, Zürich 2012

Stokar, Christoph: **Der Schweizer Knigge.** Was gilt heute? 4. Auflage, Beobachter-Edition, Zürich 2013

Winistörfer, Norbert: **Ich mache mich selbständig.** Von der Geschäftsidee zur erfolgreichen Firmengründung. 14. Auflage, Beobachter-Edition, Zürich 2015

Wyss, Ralph; Pelosi, Lea: **Besser verhandeln im Alltag.** Die wichtigsten Verhandlungstechniken richtig anwenden. Mit vielen Praxisbeispielen. Beobachter-Edition, Zürich 2013

Bücher zu Lebensart und Arbeit

Asserate, Asfa-Wossen: **Manieren.** Dtv 2005
Ein sprachmächtiges Sittengemälde über Anstand und Benimm in Deutschland. Sehr philosophisch. Ein Muss für alle, die Bescheid wissen wollen.

Bewes, Diccon: **Der Schweizversteher.** Ein Engländer unter Eidgenossen. Malik 2012
Kurzweiliges und kenntnisreiches Buch über die hiesigen Eigenheiten.

De Botton, Alain: **Freuden und Mühen der Arbeit.** Fischer Taschenbuch 2014
Ein Kosmopolit der Kultur- und Geistesgeschichte, schreibt der in London lebende Schweizer an einer Philosophie unseres Arbeitslebens, das er in all seinen Aspekten untersucht. Ein unterhaltsames, erhellendes Buch.

Knigge, Adolph Freiherr: **Über den Umgang mit Menschen.** Tredition Classics 2011
Keine Sammlung von Benimmregeln, sondern ein Werk über den angemessenen Umgang zwischen den verschiedenen Gesellschaftsschichten. Auch heute noch interessant und lesenswert.

Graf, Anita: **Selbstmanagement – Kompetenz in Unternehmen nachhaltig sichern.** Springer Gabler 2012
Das eigene Leben auf privater und beruflicher Ebene selbstverantwortlich

steuern, dies das Thema des sehr erfolgreichen Buches. Mit vielen Praxisbeispielen.

Koydl, Wolfgang: **Die Besser-Könner.** Orell Füssli 2014
Der hiesige Korrespondent der Süddeutschen Zeitung ist den Gründen für den Erfolg der Schweiz nachgegangen und stellt dazu ein amüsantes, kluges und kurzweilig zu lesendes Buch vor.

Oppel, Kai: **Business Knigge International.** Haufe-Verlag 2012.
Heute London, morgen Shanghai und übermorgen? Länderspezifische Informationen zu den Dos und No-Gos im Business-Kontext in einem gut geschriebenen Werk.

Staub, Corinne: **Eine wie keine.** Erhältlich unter www.missmoneypenny.ch/angebote
Die Autorin ist eine der besten Ausbildnerinnen des Landes zum Thema «stilvoll auftreten». Die Broschüre richtet sich an Frauen; Motto: Leistungen sind gut, doch mit gekonntem Selbstmarketing sind sie noch besser.

Korrekt eingedeckt: das Grand Couvert

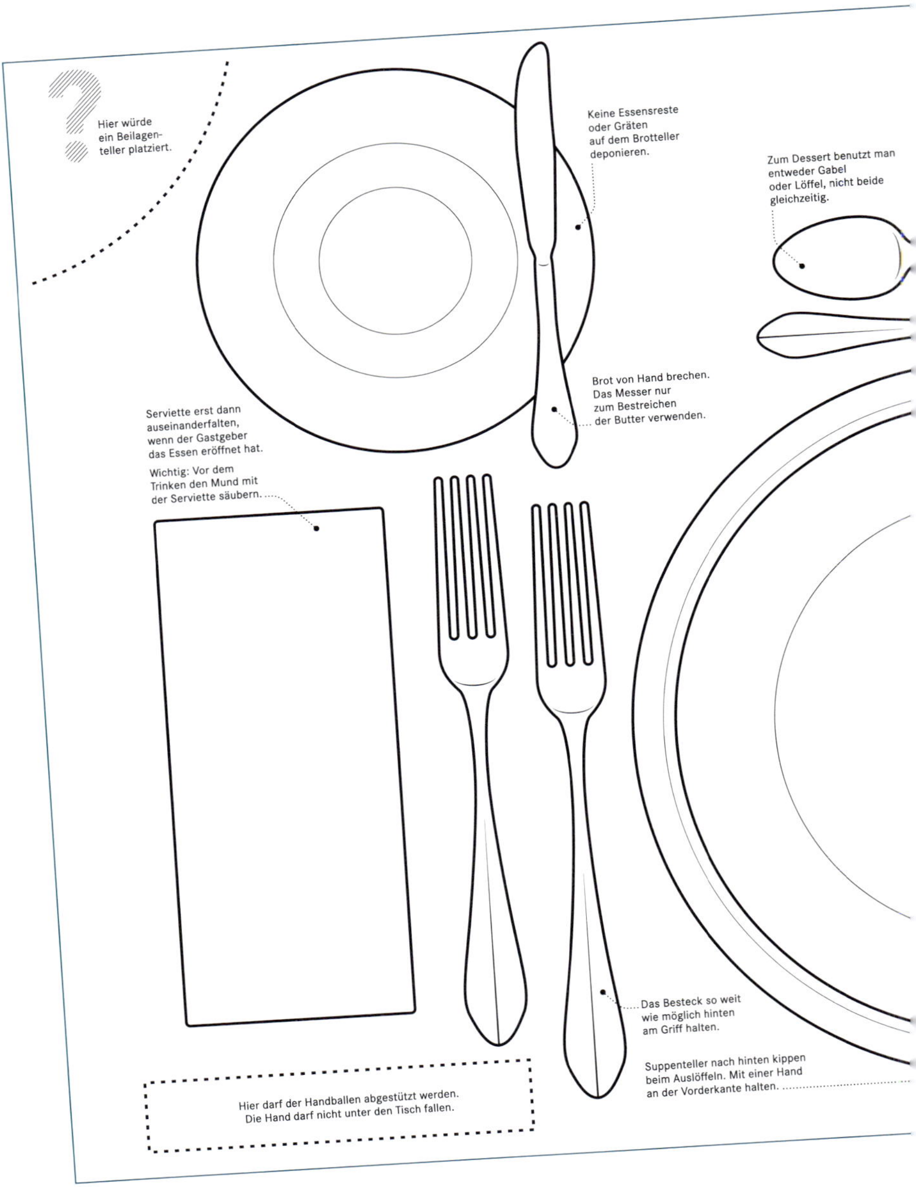

Wasserglas
Wasser kann auch vor der Eröffnung der Tafelrunde ohne Säubern des Mundes getrunken werden.
Glas für den Hauptgang
Gläseranstossen ist nur mit Wein üblich. Bei Champagner, Wasser und Soft Drinks wird das Glas angehoben.
Glas für die Vorspeise
Der Herr, der links von der Dame sitzt, sorgt jeweils für eine anregende Unterhaltung.
Themen für die Gesprächseröffnung:
Woher kennen Sie die Gastgeber?
Wissen Sie, wie man dieses Gericht nachkochen könnte?
Was machen Sie beruflich?
Haben Sie Kinder?
Waren Sie kürzlich im Kino?
Wohin würden Sie am liebsten auswandern bei diesem Wetter?
Wie schmeckt Ihnen die Vorspeise?
Wo waren Sie letztes Mal in den Ferien?
Machen Sie Sport?
Kennen Sie den Maler, dessen Bild da drüben hängt?
Welches Buch lesen Sie gerade?
Waren Sie schon einmal in ... und was können Sie empfehlen?
Messerklingen zeigen immer zum Teller.
Anreichen lassen, nicht über den Tischnachbarn greifen.
Das Besteck so weit wie möglich hinten am Griff halten.
Es wird in der Reihenfolge von aussen nach innen verwendet.
Sobald das Besteck zum Essen benützt wurde, sollte es das Tischtuch nicht mehr berühren (auch nicht mit den Griffen).
Ganz wichtig: Aufrechte Haltung. Das Essen wird zum Mund geführt und nicht umgekehrt. Ellbogen nicht auf dem Tisch abstützen.

Ratgeber, auf die Sie sich verlassen können

Beobachter EDITION

Besser schreiben im Business

Offerten, Reklamationen, Mahn- und Inkassowesen, Kundenpflege, Personalführung und Verträge: Schreiben aller KMU-Bereiche gehen leicht von der Hand dank einfacher Regeln, die zu einem klaren, modernen Schreibstil verhelfen. Mit den Tipps aus der Beobachter-Praxis ist jeder Text auch rechtlich korrekt.

320 Seiten, Klappenbroschur
ISBN 978-3-85569-604-8

Stellensuche mit Erfolg

Sie suchen eine neue Arbeitsstelle, die zu Ihnen passt und Sie beruflich weiterbringt. Dieser Ratgeber zeigt, wie Sie Ihre Chancen auf dem Stellenmarkt optimal nutzen. Von der persönlichen Standortbestimmung über die zeitgemässe Bewerbung bis zur Vertragsverhandlung begleitet Sie die Autorin Schritt für Schritt zum Ziel.

208 Seiten, Klappenbroschur
ISBN 978-3-85569-772-4

Ich mache mich selbständig

Sie wollen sich den Traum vom eigenen Unternehmen erfüllen und sich erfolgreich im Markt etablieren? Dann brauchen Sie dieses Profihandbuch mit umfangreichem Download-Angebot als zuverlässigen und kompetenten Begleiter. Schritt für Schritt und mit vielen Insidertipps führt Sie der Autor von der ersten Idee bis zum ausgefeilten Businessplan.

360 Seiten, gebunden
ISBN 978-3-85569-660-4

Die E-Books des Beobachters: einfach, schnell, online. www.beobachter.ch/ebooks